西宁市园林植物应用图鉴

◎ 任全进 承 钧 王海珍 等著

东南大学出版社
SOUTHEAST UNIVERSITY PRESS
·南京·

内容提要

本书收集了近300种西宁市园林植物，每种植物配有一定量精美图片，以便于读者阅读辨识；全书具体从植物的形态特征、生态习性、观赏特点、园林应用等四方面内容进行简要描述。图文并茂、内容简洁、通俗易懂是本书编写的主要特点，为读者的阅读和理解提供便利。

本书可供植物学、农学、林业、园林、规划、设计、施工及生产经营者等相关专业人员以及植物爱好者阅读和参考。

图书在版编目（CIP）数据

西宁市园林植物应用图鉴 / 任全进等著 . -- 南京：东南大学出版社, 2025.5. -- ISBN 978-7-5766-2081-8

Ⅰ . S68-64

中国国家版本馆CIP数据核字第2025M7C817号

西宁市园林植物应用图鉴
Xining Shi Yuanlin Zhiwu Yingyong Tujian

著　　者	任全进　承　钧　王海珍　等
策划编辑	陈　跃
责任编辑	胡　炼　责任校对　张万莹　封面设计　王　玥　责任印制　周荣虎
出版发行	东南大学出版社
出 版 人	白云飞
社　　址	南京市四牌楼2号（邮编：210096　电话：025-83793330）
经　　销	全国各地新华书店
印　　刷	南京迅驰彩色印刷有限公司
开　　本	787 mm×1092 mm　1/16
印　　张	19.5
字　　数	421千字
版　　次	2025年5月第1版
印　　次	2025年5月第1次印刷
书　　号	ISBN 978-7-5766-2081-8
定　　价	220.00元

本社图书若有印装质量问题，请直接与营销部联系，电话：025-83791830。

《西宁市园林植物应用图鉴》编委会

主　任： 任全进（江苏省中国科学院植物研究所）
　　　　　承　钧（南京市园林规划设计院有限责任公司）

副主任： 王海珍（青海省西宁市湟源县自然资源和林业草原局）
　　　　　燕　坤（南京市园林规划设计院有限责任公司）
　　　　　蒋友胜（青海省西宁市湟源县自然资源和林业草原局）
　　　　　李　平（南京市园林规划设计院有限责任公司）
　　　　　张　靓（南京市园林规划设计院有限责任公司）

委　员： 张　丹（南京市园林规划设计院有限责任公司）
　　　　　蒋淑英（江苏省中国科学院植物研究所）
　　　　　彭德明　张　浩　王生富　李春玲　陈万萍　韩杰成　马　娟
　　　　　史正鹏　旦正才让　赵洪龙　张春清　李　亮　王灵燕　王连兄
　　　　　马小平（青海省西宁市湟源县自然资源和林业草原局）
　　　　　徐　旋　张智馨
　　　　　苏雅茜（南京市园林规划设计院有限责任公司）

主要著者： 任全进　承　钧　王海珍
其他著者： 燕　坤　蒋友胜　蒋淑英　李　平　张　丹
　　　　　　张　靓　彭德明　张　浩　王生富　李春玲

参编人员：陈万萍　韩杰成　马　娟　史正鹏　旦正才让
　　　　　赵洪龙　张春清　李　亮　王灵燕　王连兄
　　　　　马小平　徐　旋　张智馨　苏雅茜
摄　　影：任全进　承　钧

前言

西宁市位于青藏高原东北部,青海省东北部,处于东经100°52′~101°54′,北纬36°13′~37°28′之间。西宁的气候属于大陆性高原半干旱气候,具有高原高山寒温性气候的特点。全年平均日照时数达到2 510.1小时,年平均气温为5.5 ℃,夏季平均气温在16.9~18℃之间,最高气温平均为25.3 ℃。年平均降水量为380毫米,蒸发量为1 363.6毫米,湟水及其支流南川河、北川河由西、南、北汇合于市区,向东流经全市。

西宁素有"夏都"之称,是青藏高原的东方门户,也是世界高海拔城市之一。近些年,西宁市在人居环境景观建设方面取得了显著成绩,人均公园绿地面积达13平方米,市域森林覆盖率达32%,建成区绿化覆盖率达40%,人均公园绿地面积12平方米,城市重要水源地森林覆盖率达85.06%,水岸绿化率达93.02%,道路绿化率达91.4%,初步形成了"城在林中、楼在树中、人在绿中、林水相依、林路相嵌"的生态城市格局。

《西宁市园林植物应用图鉴》是一本对西宁市园林植物调查和总结较为全面的实用型应用工具书。该书收录了本土及引种栽培植物近300种。对书中涉及植物的形态特征、生态习性、观赏特点及园林应用形式作了简要的概述。本书编撰突出图文并茂、内容简洁、通俗易懂的主要特点，读者能够清晰地由此对植物进行识别，并对其在园林中的应用配置有所了解和认识。

本书的出版能为广大园林绿化工作者和园林观赏植物研究者、林业生产者、经营管理者，以及园林工程施工人员、规划设计人员、大专院校学生和广大植物爱好者提供科学参考。

《西宁市园林植物应用图鉴》的出版得到了"援西办"、西宁市湟源县人民政府、南京市园林规划设计院有限责任公司及湟源县园林绿化指导中心等单位的大力支持，在此一并表示感谢。

由于笔者编写水平有限，书中存在错漏之处恐难以避免，敬请读者指正。

任全进
江苏省中国科学院植物研究所（南京中山植物园）
2025年4月

目 录

乔木

002　阿尔泰山楂
003　白丁香
004　白桦
005　白蜡树
006　白皮松
007　榆（白榆）
008　白玉兰
009　暴马丁香
010　北海道黄杨
011　北京杨
012　北美海棠
013　侧柏
014　梣叶槭
015　茶条槭
016　柽柳
017　稠李
018　臭椿
019　垂柳
020　垂枝槐
021　垂枝榆
022　刺柏

023　刺槐
024　楤木
025　重瓣榆叶梅
026　大叶榆
027　杜梨
028　杜松
029　杜仲
030　对节白蜡（湖北梣）
031　甘蒙柽柳
032　国槐
033　海棠
034　旱柳
035　河北杨
036　核桃（胡桃）
037　黑榆
038　黄杨
039　火炬树
040　接骨木
041　金丝垂柳
042　金叶白蜡
043　金叶复叶槭
044　金叶榆
045　金枝槐
046　梨

047	李	071	山杏
048	龙柏	072	山樱花
049	鹿角桧	073	山楂
050	落叶松	074	陕甘花楸
051	馒头柳	075	树锦鸡儿
052	毛白杨	076	丝棉木
053	毛山荆子	077	绦柳
054	美国红枫	078	桃
055	木梨	079	天山花楸
056	欧洲云杉	080	文冠果
057	苹果	081	西府海棠
058	七叶树	082	西洋接骨木
059	祁连圆柏	083	香花槐
060	青海云杉	084	小蜡
061	青杆	085	小叶杨
062	青杨	086	新疆杨
063	软儿梨	087	杏
064	桑树	088	银杏
065	色木槭	089	油松
066	沙果	090	榆叶梅
067	沙棘	091	元宝枫
068	沙枣	092	圆柏
069	山荆子	093	圆冠榆
070	山桃	094	云杉

目 录

- 095　皂荚
- 096　樟子松
- 097　中国沙棘
- 098　梓树
- 099　紫丁香
- 100　紫果云杉
- 101　紫叶稠李
- 102　紫叶李
- 103　紫叶桃
- 104　钻天杨

灌木

- 106　白刺
- 107　大叶黄杨
- 108　扶芳藤
- 109　富贵草
- 110　鬼箭锦鸡儿
- 111　红刺玫
- 112　红瑞木
- 113　胡枝子
- 114　互叶醉鱼草
- 115　花叶锦带
- 116　黄刺玫
- 117　金露梅
- 118　金山绣线菊
- 119　金叶锦带
- 120　金叶连翘
- 121　金叶女贞
- 122　金叶小檗
- 123　金叶莸
- 124　金银忍冬（金银木）
- 125　金钟花
- 126　锦带花
- 127　蓝叶忍冬
- 128　李叶绣线菊
- 129　连翘
- 130　辽东丁香
- 131　毛樱桃
- 132　玫瑰
- 133　蒙古莸
- 134　牡丹
- 135　宁夏枸杞
- 136　柠条锦鸡儿
- 137　牛奶子
- 138　平枝栒子
- 139　千头柏
- 140　巧玲花

141	花棒	163	八宝景天
142	沙地柏	164	白车轴草
143	沙冬青	165	白花草木樨
144	山梅花	166	百合
145	栓翅卫矛	167	薄荷
146	水枸子	168	补血草
147	卫矛	169	常夏石竹
148	猬实	170	翠菊
149	香荚蒾	171	大滨菊
150	小叶黄杨	172	大花金鸡菊
151	小叶锦鸡儿	173	大花萱草
152	新疆忍冬	174	大火草
153	银露梅	175	大丽花
154	羽叶丁香	176	德国鸢尾
155	月季花	177	地肤
156	珍珠梅	178	飞燕草
157	紫斑牡丹	179	肥皂草
158	紫叶锦带	180	费菜
159	紫叶小檗	181	高山紫菀
		182	荷包牡丹
		183	荷兰菊
		184	黑心金光菊

草本

162	矮蒲苇	185	红花
		186	花叶玉簪

目 录

- 187 黄花补血草（黄花矶松）
- 188 黄花棘豆
- 189 黄花草木樨
- 190 黄金菊
- 191 华鼠尾草
- 192 金莲花
- 193 金娃娃萱草
- 194 金针菜
- 195 锦葵
- 196 荆芥
- 197 聚合草
- 198 蕨麻
- 199 款冬
- 200 蓝花鸢尾
- 201 蓝亚麻
- 202 狼毒（狼毒花）
- 203 镰荚棘豆
- 204 柳兰
- 205 柳叶马鞭草
- 206 龙牙草
- 207 耧斗菜
- 208 骆驼蓬
- 209 落新妇
- 210 马蔺
- 211 毛蕊花
- 212 美国薄荷
- 213 美女樱
- 214 密花香薷
- 215 木香薷
- 216 蒲公英
- 217 蒲苇
- 218 瞿麦
- 219 肉果草
- 220 山桃草
- 221 芍药
- 222 蛇莓
- 223 蓍草
- 224 石竹
- 225 蜀葵
- 226 宿根福禄考
- 227 宿根天人菊
- 228 随意草
- 229 穗花婆婆纳
- 230 唐菖蒲
- 231 天仙子
- 232 西藏点地梅
- 233 细叶芒
- 234 小茴香

235	萱草	258	荷花
236	旋覆花	259	花叶芦竹
237	勋章菊	260	黄菖蒲
238	胭脂红景天	261	芦苇
239	银莲花	262	路易斯安那鸢尾
240	银叶菊	263	千屈菜
241	玉带草	264	杉叶藻
242	玉簪	265	水葱
243	月见草	266	水毛茛
244	直立黄芪	267	睡莲
245	掌叶大黄	268	梭鱼草
246	掌叶橐吾	269	狭叶香蒲(小香蒲)
247	芝樱(丛生福禄考)	270	香蒲(水蜡烛)
248	紫萼		
249	紫花地丁	**藤本**	
250	紫苜蓿		
251	紫茉莉	272	鹅绒藤
252	紫松果菊	273	甘青铁线莲
253	紫菀	274	金银花
		275	葎草
水生		276	木藤蓼
		277	爬山虎
256	菖蒲	278	葡萄
257	慈姑	279	五叶地锦

目 录

草花

282 矮牵牛
283 彩苞鼠尾草
284 急性子（指甲花）
285 角堇
286 金盏菊
287 孔雀草（小万寿菊）
288 硫华菊
289 毛地黄
290 木茼蒿
291 矢车菊
292 四季秋海棠
293 天竺葵
294 条纹龙胆
295 向日葵

乔木

阿尔泰山楂

科　属：蔷薇科山楂属
拉丁名：*Crataegus altaica* (Loudon) Lange

形态特征：落叶灌木或中型乔木植物。小枝紫褐色或红褐色。叶互生，宽卵形或三角状卵形。花白色，萼筒钟状。梨果球形，熟时金黄色。花期5~6月，果期8~9月。

生态习性：较喜光，耐寒、较耐干旱，对土壤要求不严，喜生长在湿润肥沃的土壤中，适应性强。

观赏特点：树势开阔，姿态优美，花繁叶茂，秋冬季节果实累累，树姿优美，花、果色泽艳丽。

园林应用：是园林绿化及荒山造林主栽品种。

白丁香

科　属：木樨科丁香属

拉丁名：*Syringa oblata* Lindl. var.*alba* Rehder

形态特征：落叶灌木或小乔木。叶片纸质，单叶对生；叶卵圆形或肾脏形，有微柔毛，先端锐尖；花白色，有单瓣、重瓣之别，花端四裂，筒状，呈圆锥花序。花期4~5月，果期6~10月。

生态习性：喜光，稍耐阴、耐寒、耐旱，喜生长在排水良好、深厚肥沃的土壤中。

观赏特点：花密而洁白，素雅而清香。

园林应用：适丛植于路边、草坪或向阳坡地，或与其他花木搭配栽植在林缘，也可在庭前、窗外孤植，或将各种丁香穿插配植，布置成丁香专类园。

白桦

科　属: 桦木科桦木属
拉丁名: *Betula platyphylla* Sukaczev

形态特征: 落叶乔木。树皮灰白色；叶三角状卵形或三角形，顶端锐尖，边缘具重锯齿；果成狭矩圆形、矩圆形或卵形。花期5~6月，果期8~9月。

生态习性: 喜阳光，耐严寒，对土壤适应性强，喜酸性、湿润的土壤，在沼泽地、干燥阳坡及湿润阴坡地都能生长。

观赏特点: 树干修直，树皮白色，秋季叶变金黄，观赏价值极高。

园林应用: 适植于公园、庭院、游园等处，也可栽植于道路旁、草坪、池畔、湖滨处，美化城市。

白蜡树

科　属: 木樨科梣属
拉丁名: *Fraxinus chinensis* Roxb.

形态特征: 落叶乔木。树皮呈灰褐色；叶对生，奇数羽状复叶，呈卵长圆形或披针形，圆锥花序；无花冠，翅果匙形。花期4~5月，果期7~9月。

生态习性: 喜温暖的环境，耐寒、耐热、耐水湿、耐干旱，对土质要求不严。

观赏特点: 形体端正，树干通直，枝叶繁茂而鲜绿，秋叶橙黄。

园林应用: 可作优良的行道树和遮阴树，亦可用于湖岸绿化和工矿区绿化。

白皮松

科　属：松科松属

拉丁名：*Pinus bungeana* Zucc. ex Endl.

形态特征：常绿乔木。枝较细长，斜展，形成宽塔形至伞形树冠；针叶3针一束，叶背及腹面两侧均有气孔线，先端尖，边缘有细锯齿；雄球花卵圆形或椭圆形；球果通常单生。花期4~5月，球果翌年10~11月成熟。

生态习性：喜光，幼树较耐阴，耐旱、耐瘠薄，不耐热、不耐水湿，轻度耐盐碱。

观赏特点：树姿优美，树皮奇特，干皮斑驳美观，针叶短粗亮丽。

园林应用：宜孤植、对植、丛植成林或作行道树，也可栽植于道路、广场、公园、居住区等地方，均可获得较好的观赏效果。

榆（白榆）

科属：榆科榆属

拉丁名：*Ulmus* pumila L.

形态特征：落叶乔木。幼树树皮平滑，灰褐色或浅灰色；大树之皮暗灰色，不规则深纵裂，粗糙；叶椭圆状卵形、长卵形、椭圆状披针形或卵状披针形；花先叶开放，在上一年生枝的叶腋成簇生状。花果期3~6月。

生态习性：喜光，耐旱、耐寒、耐瘠薄，不择土壤，适应性很强。

观赏特点：树干通直，树形高大，绿荫较浓。

园林应用：适作行道树、庭荫树、防护林及"四旁"绿化的树种等，也是营造防风林、水土保持林和盐碱地造林的主要树种之一。

白玉兰

科属：木兰科玉兰属

拉丁名：*Yulania denudata*(*Desrousseaux*) D. L. Fu

形态特征：落叶乔木。叶纸质，基部徒长枝叶椭圆形，叶柄被柔毛；花先叶开放，直立，芳香。花期2~3月，果期8~9月。

生态习性：喜光、喜湿润，怕涝，较耐阴，喜肥沃、排水良好而带微酸性的砂质土壤。

观赏特点：树姿优美、花香色艳。

园林应用：可作为庭院种植，也可作道路两侧行道树，是厂矿地区极好的防污染绿化树种。

暴马丁香

科属： 木樨科丁香属

拉丁名： *Syringa reticulata subsp. amurensis* (*Rupr.*) P. S. Green & M. C. Chang

形态特征： 落叶乔木。树皮紫灰褐色，有细裂纹；枝为灰褐色；叶片厚纸质，呈宽卵形、椭圆状卵形或为长圆状披针形；圆锥花序，花冠白色。花期6~7月，果期8~10月。

生态习性： 喜光，喜温暖、湿润，耐寒性和耐旱力强，稍耐阴，耐瘠薄，喜肥沃、排水良好的土壤，忌在低洼地种植。

观赏特点： 花期长，树姿美观，花香浓郁，花芬芳袭人。

园林应用： 宜植种于公园、庭园、机关、厂矿、居民区等地，亦可丛植于建筑前、茶室、凉亭周围，还可散植于园路两旁、草坪之中。

北海道黄杨

科属：卫矛科卫矛属

拉丁名：*Euonymus japonicus* 'Beihaidao'

形态特征：常绿小乔木。叶光亮革质，叶正面呈深绿色，叶背面为浅绿色；叶卵圆形或长椭圆形，叶缘呈浅波状；聚伞花序腋生，花浅黄绿色，花盘肥大；果实为蒴果，近球形。花期6~7月，果期9~10月。

生态习性：喜光，不耐阴、耐寒、耐干旱，喜欢温暖湿润的气候，适应生长于肥沃、疏松、湿润的土壤，酸性、中性、微碱性土壤也均能适应。

观赏特点：四季常绿，秋后果实开裂，露出红色假种皮，一冬不落，成串的红色果实镶嵌在绿叶丛中，观赏性强。

园林应用：可孤植、列植，也可群植。常用于行道树、混交林，或用于园林、街道、小区、公园等处。

北京杨

科属：杨柳科杨属
拉丁名：*Populus×beijingensis* W. Y. Hsu

形态特征：乔木植物。树干通直，树皮灰绿色，渐变绿灰色，光滑，皮孔圆形或长椭圆形，密集，树冠卵形或广卵形；侧枝斜上，嫩枝稍带绿色或呈红色长枝或萌枝叶，广卵圆形或三角状广卵圆形，先端短渐尖或渐尖，基部心形或圆形，边缘具波状皱曲的粗圆锯齿，有半透明边，具疏缘毛，后光滑。花期3~4月。

生态习性：喜肥、喜湿，在土壤肥沃、湿润土壤中生长旺盛。

观赏特点：树干通直，树冠浓密，枝叶茂盛。

园林应用：宜孤植、丛植作园林绿地行道树和庭荫树，或营造防护林。

北美海棠

科属：蔷薇科苹果属

拉丁名： *Malus 'American'*

形态特征： 落叶小乔木。树干颜色为新干棕红色、黄绿色，老干灰棕色，有光泽；花量大，颜色多，有香气；果实扁球形。花期4~5月，果期8~9月。

生态习性： 较耐盐碱，适应性强，抗逆性强、喜光、耐寒、耐干旱、耐瘠薄。

观赏特点： 树姿优美，花、叶、果和枝条的色彩丰富。

园林应用： 在公园、居住区、游园、学校、庭院等处均有栽植。

侧柏

科属：柏科侧柏属
拉丁名：*Platycladus orientalis*（L.）Franco

形态特征：常绿乔木。叶鳞形，先端微钝；叶交互对生，排成一平面，小枝扁平；雄球花黄色，卵圆形；雌球花近球形。花期3~4月，球果10月成熟。

生态习性：喜光，幼时稍耐阴、耐干旱瘠薄、耐寒、耐高温、抗盐碱。

观赏特点：四季常青，树形美观。

园林应用：适植栽于行道、亭园、大门两侧、绿地周围、路边花坛及墙垣内外，其景尽显美观；小苗可作绿篱、隔离带围墙的点缀。

梣叶槭

科属： 无患子科槭属

拉丁名： *Acer negundo* L.

形态特征： 落叶乔木。树皮黄褐色或灰褐色；小枝无毛；羽状复叶，卵圆形或椭圆状披针形，先端渐尖，基部楔形，下面淡绿色，脉腋被簇生毛；花单性，雌雄异株；小坚果凸起，近于长圆形或长圆卵形。花期4~5月；果期9月。

生态习性： 喜光，耐寒、耐旱、耐轻度盐碱，适宜在土层深厚、湿润的中性壤土中种植。

观赏特点： 枝叶繁茂，入秋后叶色金黄，颇美观。

园林应用： 适作庭荫树、行道树及防护林树种，在园林中丛植于草地边缘，也可作为观叶的上层骨干树种，并配植常绿树作背景。

茶条槭

科属：无患子科槭属

拉丁名：*Acer tataricum* subsp. *ginnala* (Maxim.) Wesm.

形态特征：落叶灌木或小乔木。小枝近于圆柱形，叶片长圆卵形或长圆椭圆形；伞房花序，雄花与两性花同株；果实黄绿色或黄褐色，花期5月，果期10月。

生态习性：喜光，耐半阴、耐寒、耐旱、耐瘠薄，喜湿润土壤，抗逆性强，适应性广。

观赏特点：株形自然，花有清香，夏季果翅红色美丽，秋叶鲜红，翅果成熟前也红艳可观，是较好的秋色叶树种。

园林应用：主要是北方良好的庭园观赏树种，可栽作绿篱及小型行道树，也可丛植、群植于公园、绿地，还可作盆栽。

柽柳

科属： 柽柳科柽柳属
拉丁名： *Tamarix chinensis* Lour.

形态特征： 落叶小乔木或灌木。幼枝稠密纤细，红紫或暗紫红色，有光泽；叶鲜绿色，钻形或卵状披针形；每年开花2~3次；春季总状花序侧生于去年生小枝，下垂；夏秋总状花序，生于当年生枝顶端，花瓣卵状椭圆形或椭圆形，紫红色。花期4~9月。

生态习性： 喜光，耐旱、耐寒、较耐水湿，极耐盐碱、沙荒地；适应性强，对不同气候土壤要求不严。

观赏特点： 枝叶纤细悬垂，婀娜可爱，一年开花三次，花开如红蓼，鲜绿粉红花相映成趣。

园林应用： 多栽于庭院、公园等处作观赏，亦可作庭院中绿篱用，还适用于水滨、池畔、桥头、河岸、堤防栽植。

稠李

科属：蔷薇科李属

拉丁名：*Prunus padus* L.

形态特征：落叶乔木。幼枝被绒毛，叶椭圆形、长圆形或长圆状倒卵形，基部圆或宽楔形，有不规则锐锯齿，萼筒钟状，花瓣白色；核果卵圆形。花期4~5月，果期5~10月。

生态习性：喜光耐阴，抗寒力强，不耐干旱瘠薄，微惧积水涝洼，在各种土壤及各种恶劣气候里，均能正常生长。

观赏特点：树姿优美。

园林应用：适栽植于路旁、墙边，也宜在庭院、公园、广场绿地上等处孤植、丛植或片植。

臭椿

科属：苦木科臭椿属

拉丁名：*Ailanthus altissima*（Mill.）Swingle

形态特征：落叶乔木。小枝粗壮，奇数羽状复叶，基部有1~2对腺齿，臭椿的异味主要由此处发出。圆锥花序，花淡绿色；翅果长椭圆形。花期4~5月，果期8~10月。

生态习性：喜光，耐寒、耐旱、不耐水湿、不耐阴，适生于深厚、肥沃、湿润的砂质土壤。

观赏特点：树干通直高大，春季嫩叶紫红色，秋季红果满树。

园林应用：宜作观赏树和行道树，亦可孤植、丛植或与其他树种混栽，还适宜工厂、矿区等处绿化。

垂柳

科属： 杨柳科柳属

拉丁名： *Salix babylonica* L.

形态特征： 落叶乔木。树冠开展；叶子的形状披针形，前端长且尖；花序比叶先开放，或与叶同时开放；花丝低部有少量的毛，花药为红黄色；苞片呈披针形，外面有毛；蒴果呈现绿黄褐色。花期是3~4月，果期为4~5月。

生态习性： 喜光、喜温暖湿润的气候、潮湿深厚之酸性及中性土壤中的生长。较耐寒，特耐水湿，但亦能生于土层深厚之高燥地区。

观赏特点： 树形优美，枝条下垂，随风摇曳。

园林应用： 最宜配植在水边，如桥头、池畔、河流、湖泊等水系沿岸处。又可作庭荫树、行道树、公路树，亦可适用于工厂绿化，还是固堤护岸的重要树种。

垂枝槐

科属：豆科槐属

拉丁名：*Styphnolobium japonicum* 'Pendula'

形态特征：落叶乔木。树皮灰褐色，具纵裂纹；当年生枝绿色，无毛；圆锥花序顶生，常呈金字塔形，花梗比花萼短；小苞片2枚，形似小托叶；荚果串珠状。花期7~8月，果期8~10月。

生态习性：喜光、稍耐阴，能适应干冷气候，喜生于土层深厚、湿润肥沃、排水良好的砂质壤土中。深根性，根系发达，抗风力强，萌芽力亦强，寿命长。

观赏特点：姿态优美，花芳香。

园林应用：常作为门庭及道旁树，或作庭荫树，或置于草坪中作观赏树。

垂枝榆

科属: 榆科榆属
拉丁名: *Ulmus pumila* L. cv. *'Tenue'*

形态特征: 落叶乔木。树冠伞形;树皮灰白色,较光滑;叶片椭圆状卵形、长卵形、椭圆状披针形或卵状披针形,花先叶开放,翅果近圆形。花果期3~6月。

生态习性: 喜光,耐旱、耐寒、耐盐碱,适应性较强。

观赏特点: 自然造型好、树冠伞形和圆锥柱形,叶姿繁茂浓荫,树干多呈扭曲状,小枝卷曲而下垂,树形较美。

园林应用: 宜种植于公园、游园、居住区、单位、学校等处。

刺柏

科属：柏科刺柏属

拉丁名：*Juniperus formosana Hayata*

形态特征：常绿乔木。树皮褐色，纵裂成长条薄片脱落；枝条斜展或直展；小枝下垂，三棱形；叶全刺形，三叶轮生，条状披针形或条状刺形，表面微凹，有2条白色气孔带或在尖端处合二为一，白色带比绿色部分宽，下面有钝纵脊；叶基不下延；球果球形或卵状球形，果顶有3条幅状纵纹或略开裂；种子三角状椭圆形。花期4月，翌年10~11月果熟。

生态习性：喜光、耐寒、耐旱，在干旱砂地、肥沃通透性土壤中生长最好。

观赏特点：树形优美，叶片苍翠，四季常青，树干苍劲。

园林应用：是城乡绿化首选的树种之一，配植于草坪、花坛、山石、林下等处，可增加绿化层次，丰富观赏美感；也是制作盆景的优质素材。

刺槐

科属：豆科刺槐属
拉丁名：*Robinia pseudoacacia* L.

形态特征：落叶乔木。树皮呈深褐色,具有纵裂；奇数羽状复叶,互生,小叶椭圆形,基部近椭圆形,先端渐圆,有带小刺的尖,全缘；总状花序,腋生,花序轴呈深黄色；花冠白色。荚果扁平,椭圆形。花期4~6月,果期8~9月。

生态习性：喜光、不耐阴、耐干旱瘠薄、不耐水湿；土壤的适应性强,在砂壤土、砂土、黏壤土及中性土、酸性土及微盐碱土中均能正常生长。

观赏特点：树冠高大,叶色鲜绿,每当开花季节绿白相映,素雅而芳香。冬季落叶后,枝条疏朗向上,很像剪影,造型有国画韵味。

园林应用：宜作为行道树、庭荫树,是工矿区绿化及荒山荒地绿化的先锋树种。

楤木

科属： 五加科楤木属

拉丁名： *Aralia elata* (Miq.) Seem.

形态特征： 灌木或小乔木。树皮灰色；小枝灰棕色，疏生多数细刺，嫩枝上常有细长直刺；二至三回羽状复叶，羽片具7~11片小叶，宽卵形或椭圆状卵形，边缘具细齿或疏生锯齿；伞房状圆锥花序，密被灰色柔毛，花白色，芳香；果为球形。花期7~9月，果期9~12月。

生态习性： 喜阳光充足、湿润的气候，耐寒性强为阴性树种，多生长在阴坡，主要分布在坡的中上部；其嫩芽喜疏松土质，不耐黏重土壤，喜湿怕涝。

观赏特点： 树形美观，枝条浓密，春季开白色花。

园林应用： 适合与绿色期长、低矮的地被植物混合使用，可弥补其绿色期不足的缺点。

重瓣榆叶梅

科属：蔷薇科桃属

拉丁名：*Prunus triloa 'Multiplex'*

形态特征：落叶灌木或小乔木。叶似榆，花如梅，枝叶茂密，花朵密集艳丽。花先于叶开放，花多而密集，花较大，浅粉红色至深粉红色。花期3~4月，果期5~7月。

生态习性：喜光，抗严寒耐瘠薄、较耐盐碱，抗病力强，适应性强，不耐涝。

观赏特点：花大美丽、重瓣，花多而密集。

园林应用：宜植种于公园、居住区、校园、游园等处。

大叶榆

科属：榆科榆属
拉丁名：*Ulmus laevis* Pall.

形态特征：落叶乔木。冬芽纺锤形，叶倒卵状宽椭圆形，中上部较宽，先端骤尖，基部偏斜，一边楔形，一边半心形，具重锯齿；主脉及侧脉疏被毛；花常自花芽抽出，稀由混合芽抽出，密集短聚伞花序；花梗纤细；果卵形或卵状椭圆形，具睫毛，两面无毛；果核位于翅果近中部。花果期4~5月。

生态习性：喜阳、耐寒、耐干旱，抗高温风沙。

观赏特点：树干通直，树体高大，冠大荫浓。

园林应用：适作行道树、庭荫树，可孤植、列植、群植，是北方"四旁"绿化的重要树种。

杜梨

科属：蔷薇科梨属
拉丁名：*Pyrus betulifolia* Bunge

形态特征：落叶乔木。枝具刺，二年生枝条紫褐色；叶片菱状卵形至长圆卵形，幼叶上下两面均密被灰白色绒毛，叶柄被灰白色绒毛；伞形总状花序，花瓣白色；果实近球形。花期4月，果期8~9月。
生态习性：喜光，耐寒、耐旱、耐涝、耐瘠薄，均能在中性土壤及盐碱土壤中正常生长。
观赏特点：树冠张开，叶片美丽，春天白花满树，秋季褐果累累。
园林应用：宜作为公园绿地、风景区、小区、庭院绿化，也适宜作风景树、庭院树，还可孤植、丛植、群植。

杜松

科属：柏科刺柏属

拉丁名：*Juniperus rigida* Siebold & Zucc.

形态特征：常绿灌木或小乔木。树冠圆柱形；大枝直立，小枝下垂；叶为刺形条状、质坚硬、端尖，上面凹下成深槽，槽内有一条窄白粉带，背面有明显的纵脊；球果。花期4~6月，果期翌年10月。

生态习性：强阳性树种，耐阴、耐干旱、耐严寒、喜冷凉气候；深根性好，对土壤的适应性强，宜在耐干旱、瘠薄的土壤中生长。

观赏特点：树冠圆柱形，枝叶浓密下垂，树姿优美。

园林应用：适作庭园树、风景树、行道树，也适宜于公园、庭园、绿地、陵园墓地孤植、对植、丛植和列植，还可作栽植绿篱、盆栽或制作盆景，供室内装饰。

杜仲

科属：杜仲科杜仲属

拉丁名：*Eucommia ulmoides* Oliv.

形态特征：落叶乔木。树皮灰褐色，老枝有明显的皮孔；叶椭圆形、卵形或矩圆形，薄革质，基部圆形或阔楔形，先端渐尖，上面暗绿色，下面淡绿；花生于当年枝基部；坚果位于中央，稍突起。花期4~5月，果期9~10月。

生态习性：喜温暖湿润的气候和阳光充足的环境，能耐严寒，成株在-30℃的条件下可正常生存，对土壤的要求选择不严，以土层深厚、疏松肥沃、湿润、排水良好的壤土最宜。

观赏特点：树形优美，枝叶茂密，叶色苍翠，清新秀美。

园林应用：适宜作庭荫树、行道树、特用经济林，亦适宜种植于公园、居住区、单位、学校等处。

对节白蜡（湖北梣）

科属：木犀科梣属
拉丁名：*Fraxinus hupehensis* S. Z. Qu, C. B. Shang & P. L. Su.

形态特征：落叶大乔木。树皮深灰色，老时纵裂；小枝挺直，被细绒毛或无毛；羽状复叶，被细绒毛或无毛；花杂性，密集簇生于去年生枝上，呈甚短的聚伞圆锥花序；翅果匙形。花期2~3月，果期9月。

生态习性：耐旱、耐湿、耐高温和低温。

观赏特点：树姿清雅、树形优美、小叶秀丽。

园林应用：宜种植于小区、公园、工厂、学校、庭院等处，亦可在草坪和庭院角隅、大门两侧等处种植，孤植、对植、丛植或群植均可展现其清姿丽容。

甘蒙柽柳

科属：柽柳科柽柳属

拉丁名：*Tamarix austromongolica* Nakai

形态特征：灌木或乔木，树干和老枝栗红色，枝直立。叶灰蓝绿色，绿色嫩枝上的叶长圆形或长圆状披针形，渐尖，春和夏秋均开花；春季开花，总状花序自去年生的木质化的枝上发出，侧生，花序轴质硬而直伸；苞叶蓝绿色，宽卵形；花梗极短。夏、秋季开花，总状花序较春季的狭细，萼片卵形，绿色，边缘膜质透明；花瓣淡紫红色。花盘紫红色；花丝红色；子房红色，花柱与子房等长，柱头下弯。蒴果长圆锥形。

生态习性：喜光不耐阴，在遮阴处多生长不良。根系发达，既耐干又耐水湿，抗风能力强，耐盐碱土，能在含盐量1.2%的盐碱地上正常生长。

观赏特点：翠绿叶色与紫叶小檗相配置，形成了姹紫嫣红、交相辉映的美丽景色；其枝条是栗红色，若与棣棠、梧桐、连翘等树种配植，在冬季衬以白雪，可形成多彩的观枝效果。

园林应用：常用于道路绿化、公园绿化、庭院绿化、河道护岸生态修复、边坡绿化等工程，绿篱、色块、组团、球形造型亦为常见应用形式。

国槐

科属：豆科槐属

拉丁名：*Styphnolobium japonicum*（L.）Schott

形态特征：落叶乔木。树皮暗灰色；羽状复叶；圆锥花序顶生，花蝶形，夏季开黄白色花，略具芳香；荚果肉质，念珠状不开裂，黄绿色，常悬垂于树梢，经冬不落。花期6~7月，果期8~10月。

生态习性：喜光而稍耐阴，对土壤要求不严，抗风，也耐干旱、瘠薄，能适应城市土壤板结等不良环境条件。

观赏特点：树冠优美，花芳香。

园林应用：宜作为行道树和住宅区、厂矿等处优质的绿化树种，亦可作为优良的蜜源植物。

海棠

科属： 蔷薇科苹果属

拉丁名： *Malus spectabilis*

形态特征： 落叶乔木。叶椭圆形至长椭圆形，先端短渐尖或圆钝，基部宽楔形或近圆形，边缘有紧贴细锯齿；花序近伞形，花瓣白色，在蕾中呈粉红色；果近球形。花期4~5月，果期8~9月。

生态习性： 喜阳、耐寒、耐旱，适宜阳光充足的环境。

观赏特点： 花色丰富，花期较长，树形美观，适应性强。

园林应用： 适植栽于公园、居住区、校园、机会单位等处，也可用于打造花墙、花篱、花坛等景观元素，还可与其他植物进行搭配，形成多样化的景观效果。

旱柳

科属：杨柳科柳属

拉丁名：*Salix matsudana* Koidz.

形态特征：落叶乔木。大枝斜上，树冠广圆形，树皮暗灰黑色，有裂沟，枝细长，直立或斜展，浅褐黄色或带绿色，后变褐色，幼枝有毛；叶披针形，先端长渐尖，叶柄短。花期4月，果期4~5月。

生态习性：喜光、耐寒，湿地、旱地皆能生长，适宜在湿润而排水良好的土壤中生长。

观赏特点：枝条柔软，树冠丰满，花纹秀丽、色泽柔和、简洁清雅。

园林应用：适作为庭荫树、行道树，又可在种植于河湖岸边或孤植于草坪，还宜作为防护林及砂荒造林的优良树种。

河北杨

科属：杨柳科杨属

拉丁名：*Populus×hopeiensis* Hu & Chow

形态特征：落叶乔木。其树皮黄绿色至灰白色，光滑；树冠圆大。叶卵形或近圆形；花序轴被密毛；蒴果。花期4月，果期5~6月。

生态习性：耐寒、耐旱，喜湿润的气候，不耐涝。

观赏特点：树姿优美，干形通直，高大挺拔。

园林应用：适作为行道树、公园、庭院绿化及农村"四旁"绿化的优良树种。

核桃（胡桃）

科属：胡桃科胡桃属
拉丁名：*Juglans regia* L.

形态特征：落叶乔木。树干较别的种类矮，树冠广阔；小枝灰绿色无毛；小叶呈椭圆状卵形至长椭圆形；果序短；果实近于球状，无毛；果核稍具皱曲，顶端具短尖头；隔膜较薄，内里无空隙；内果皮壁内具不规则的空隙。花期5月，果期10月。

生态习性：喜光、耐寒、抗旱、抗病能力强，适应多种土壤生长，喜肥沃湿润的砂质壤土，对水肥要求不严，常见生于山区河谷两旁土层深厚的地方。

观赏特点：树冠开展且庞大，枝叶茂密，能够形成浓荫，其树皮干灰白色，姿态壮美。

园林应用：可以孤植或丛植于庭院、公园等场所，为环境增添美感。

黑榆

科属： 榆科榆属

拉丁名： *Ulmus davidiana* Planch.

形态特征： 落叶乔木或灌木状。树皮浅灰色或灰色，纵裂成不规则条状，幼枝被或密或疏的柔毛；冬芽卵圆形，芽鳞背面被覆部分有毛；叶倒卵形或倒卵状椭圆形，稀卵形或椭圆形；花在去年生枝上排成簇状聚伞花序；翅果倒卵形或近倒卵形，果翅通常无毛。花果期4~5月。

生态习性： 适应性强，耐干旱、抗碱性较强。

观赏特点： 树体高大，枝叶茂密，纹理美观，色泽深沉。

园林应用： 可作庭荫树，或列植作行道树；也可选作造林树种。

黄杨

科属：黄杨科黄杨属

拉丁名：*Buxus sinica*（Rehder & E. H. Wilson）M. Cheng

形态特征：灌木或小乔木。枝圆柱形，有纵棱，灰白色；小枝四棱形；叶革质，阔椭圆形、阔倒卵形、卵状椭圆形或长圆形，叶面光亮；花序腋生，头状，花密集；蒴果近球形。花期3月，果期5~6月。

生态习性：喜光、喜湿润，耐旱、耐热、耐寒，耐阴、耐碱性较强，喜在肥沃、疏松的壤土中生长。

观赏特点：树姿优美，叶小如豆瓣，质厚而有光泽，四季常青，可终年观赏。

园林应用：常作绿篱、大型花坛镶边，修剪成球形或其他整形栽培，点缀山石或制作盆景。

火炬树

科属：漆树科盐肤木属

拉丁名：＊Rhus typhina＊ L.

形态特征：落叶灌木或小乔木。小枝粗壮，红褐色，密生绒毛；叶轴无翅，长椭圆状披针形，先端长渐尖，有锐锯齿；雌雄异株，直立，密生绒毛；花白色；核果深红色，密集成火炬形。花期6~7月，果期9~10月。

生态习性：喜光、耐寒、耐阴、耐干旱，喜生于湿润砂质土壤中。

观赏特点：雌雄花序、果序均亮红似火炬，极具观赏性。

园林应用：宜种植于公路两侧、居民区、公园、校园风景绿化树种。

接骨木

科属：芙蒾科接骨木属
拉丁名：*Sambucus williamsii* Hance

形态特征：落叶灌木或小乔木。茎老枝淡红褐色，羽状复叶有小叶2~3对，侧生小叶片卵圆形、狭椭圆形至倒矩圆状披针形，顶端尖，渐尖至尾尖，顶生小叶卵形或倒卵形，顶端渐尖或尾尖，基部楔形；花与叶同出，圆锥形聚伞花序顶生，花小而密；花冠蕾时带粉红色，开后白色或淡黄色；果实红色，卵圆形或近圆形。花期4~5月，果熟期9~10月。

生态习性：喜阳，稍耐阴，耐寒性较强，抗逆性强，对环境适应性强，对土壤要求不严。

观赏特点：叶色浓绿，花朵淡黄具有清香，果色紫红，是优良的观叶、观花、观果树种。

园林应用：宜孤植、列植、丛植于草坪、山坡、林缘等地，或配植于公园、庭院、学校、广场、街道等处，也可和大型乔木以及草本植物搭配种植于花坛中。

金丝垂柳

科属: 杨柳科柳属
拉丁名: *Salix vitellina* 'Pendula Aurea'

形态特征: 落叶乔木。枝条细长下垂;小枝黄色或金黄色;叶狭长披针形,长9~14厘米,缘有细锯齿;生长季节枝条为黄绿色,落叶后至早春则为黄色,经霜冻后颜色尤为鲜艳;幼年树皮黄色或黄绿色。

生态习性: 喜光,较耐寒、耐水湿、耐干旱、耐盐碱,以生长于湿润、排水良好的土壤为宜;也喜温暖潮湿的气候及在潮湿深厚的酸性及中性土壤中生长。

观赏特点: 枝条金黄,柔软下垂,随风飘舞,姿态婆娑潇洒。

园林应用: 适作为行道树、庭荫树或孤植于草地、建筑物旁。

金叶白蜡

科属： 木犀科梣属

拉丁名： *Fraxinus chinensis* 'Aurea'

形态特征： 落叶乔木，高10~15米，枝叶稠密，树形优美。嫩叶金黄，7月底以后逐渐变为黄绿色，树皮淡黄褐色，小枝光滑无毛；小叶5~9枚，卵状椭圆形，尖端渐尖，基部狭，不对称，缘有齿及波状齿，表面无毛。花期3~5月，花萼钟状，无花瓣。

生态习性： 耐干旱、耐瘠薄、耐盐碱、耐酸性土壤，较耐水湿，特耐寒，能耐受-40℃低温。

观赏特点： 树形优美，枝叶稠密；嫩叶呈现出金黄色，从春季开始，叶片颜色从金黄色逐渐变为黄绿色，到了秋季，叶片变为橘黄色。

园林应用： 宜植于道路、公园、居住区、游园等处，还可点缀草坪。

金叶复叶槭

科属：槭树科槭属
拉丁名：*Acer negundo 'Aurea'*

形态特征：落叶乔木。树皮深黄色；小枝柱形，无绒毛，一年生枝条淡绿色，多年生枝条深黄色；羽状复叶，叶小，纸质，椭圆形，先端渐尖，基部呈楔形，边缘具齿；雄花花序呈伞状，下垂，花小，淡黄色，先叶开花，雌雄异株，花丝较长，子房无绒毛；坚果，椭圆形，无绒毛。花期4~6月，果期8~9月。

生态习性：喜阳树种，较耐寒、耐旱，生长能力极强，对土壤要求不高，贫瘠土壤中也能生长，腐殖质肥沃且排水良好的砂壤土中生长最好。

观赏特点：秋季彩叶植物，色彩别具一格，叶片变成橙红色，好不盛美。

园林应用：适宜在公园、居住区、庭院、游园植种。

金叶榆

科属：榆科榆属

拉丁名：*Ulmus pumila.* '*Jinye*'

形态特征：落叶乔木，高可达10米。单叶互生，叶片卵圆形，叶缘具锯齿，叶尖渐尖，互生于枝条上；聚伞花序叶腋，果翅黄白色，果梗较花被为短。花期4~5月，果期6~7月。

生态习性：喜光，耐旱、耐寒、耐贫瘠，土壤适应性强，抗盐碱性较好，对寒冷干旱气候也具有较强的适应性。

观赏特点：树干通直，姿态优美，叶片金黄，色泽艳丽，观赏性强。

园林应用：是城乡绿化的重要树种，可作行道树、庭荫树、风景区绿化等用途，常采用孤植、对植、列植效果较好。

金枝槐

科属：豆科槐属
拉丁名：*Sophora japonica* 'Winter Gold'

形态特征：乔木，高可达20米。树皮灰褐色，具纵裂纹；一年生枝条秋季逐渐变成黄色、深黄色，二年生的树体呈金黄色，树皮光滑；叶柄基部膨大，包裹着芽；托叶形状多变，羽状复叶，椭圆形，光滑，叶色有淡绿色、黄色、深黄色；锥状花序，顶生，花梗较短，花萼呈吊钟状，花冠黄色，具短的小柄；荚果，串状，成熟后不开裂，种子椭圆形。花期5~8月，果期8~10月。

生态习性：耐旱、耐寒力较强，对土壤要求不严，贫瘠土壤中亦可生长，在腐殖质肥沃的土壤中生长最好。

观赏特点：幼芽及嫩叶淡黄色，仲夏时转绿黄色，入秋后又转黄，落叶时枝干颜色金黄。

园林应用：是公路、校园、庭院、公园、机关单位等处绿化的优良树种，具有较高的观赏价值。

梨

科属：蔷薇科梨属
拉丁名：*Pyrus spp*

形态特征：乔木。树冠开展；小枝粗壮，幼时有柔毛；二年生的枝紫褐色，具稀疏皮孔；托叶膜质，边缘具腺齿；叶片卵形或椭圆形，先端渐尖或急尖，初时两面有绒毛，老叶无毛；伞形总状花序，总花梗和花梗幼时有绒毛；果实卵形或近球形，微扁，褐色；花为白色。花期4月，果期8~9月。

生态习性：耐寒、耐旱、耐涝、耐盐碱、根系发达，喜光、喜温暖，宜选择在土层深厚、排水良好的缓坡山地种植，尤以砂质壤土山地为理想植栽处。

观赏特点：春季洁白的梨花，婀娜多姿，清新淡雅，极具气质，就像出尘的嫡仙一般。

园林应用：是城乡绿化的重要树种，可用作行道树、庭荫树、风景区绿化等，常采用孤植、对植、列植效果均较好。

李

科属：蔷薇科李属

拉丁名：*Prunus salicina* Lindl.

形态特征：落叶乔木。小枝无毛；叶片为矩圆状倒卵形或椭圆状倒卵形；花梗无毛，萼片长圆状卵形，花瓣白色，长圆状倒卵形；果实黄色或红色，有时为绿色或紫色，外被蜡粉。花期4月，果期7~8月。

生态习性：寒冷、抗干旱、抗病虫、耐瘠薄、耐盐碱，生态的适应性强，可保持水土、防风固砂。

观赏特点：花期早，花量大，盛花季节繁花似锦，果实美观艳丽，观赏价值较高。

园林应用：是城乡绿化的重要树种，可丛植、孤植或对植于草坪、广场、建筑物周围。

龙柏

科属：柏科刺柏属

拉丁名：*Sabina chinensis* 'Kaizuca'

形态特征：常绿乔木植物。树冠圆柱状或柱状塔形；枝条向上直展，常有扭转上升之势，小枝密、在枝端成几相等长之密簇；鳞叶排列紧密，幼嫩时淡黄绿色，后呈翠绿色；球果蓝色，微被白粉。花期是4月，果期10月。

生态习性：喜阳，稍耐阴，喜温暖、湿润的环境，抗寒、抗干旱，忌积水，排水不良时易产生落叶或生长不良；适生于干燥、肥沃、深厚的土壤，对土壤酸碱度适应性强，较耐盐碱；对二氧化硫和氯抗性强，对烟尘的抗性则较差。

观赏特点：树形优美，枝叶碧绿青翠，观赏价值较高。

园林应用：是公园篱笆绿化首选苗木，多被种植于庭园作美化环境的用途；常用于公园、庭园、绿墙和高速公路中央隔离带。

鹿角桧

科属：柏科圆柏属
拉丁名：*Juniperus chinensis 'Pfitzeriana'*

形态特征：常绿乔木，高可达1~4米，树冠圆柱状尖塔形或圆锥形，外缘较松散，稍有向上扭转趋势；叶片有磷叶、刺叶两种，磷叶交互对生，多见于老树或老枝，银绿色；刺叶常轮生，叶黄绿色，冬季呈现深绿色；雌雄异株；球果近圆球形。

生态习性：喜光、耐寒，对土壤要求不严；萌芽力强，耐修剪，亦移植。

观赏特点：树形优美，是中国北方较好的造园树种。

园林应用：常植栽于风景林、公园、庭院及街道绿地，作景观树、庭荫树使用；宜孤植、丛植、群植、列植，修剪后亦可作绿篱使用。

落叶松

科属： 松科落叶松属

拉丁名： *Larix gmelinii*（Rupr.）Kuzen.

形态特征： 乔木。幼树树皮深褐色，裂成鳞片状块片，老树树皮灰色、暗灰色或灰褐色，纵裂成鳞片状剥离，剥落后内皮呈紫红色；枝斜展或近平展，树冠卵状圆锥形；叶倒披针状条形，先端尖或钝尖；球果幼时紫红色，成熟前卵圆形或椭圆形，成熟时上部的种鳞张开，呈黄褐色、褐色或紫褐色；种子斜卵圆形，灰白色，具淡褐色斑纹；子叶针形，初生叶窄条形。花期5~6月，球果9月成熟。

生态习性： 喜光性强，对水分要求较高，在各种不同环境，如山麓、沼泽、草甸、湿润的河谷及山顶等处均能生长，而以土层深厚、肥润、排水良好的北向缓坡及丘陵地带生长最旺盛。

观赏特点： 高大挺拔，冠形美观。

园林应用： 是城乡绿化的重要树种，可用作庭荫树、风景区的绿化等用途，采用孤植、对植效果均好。

馒头柳

科属：杨柳科柳属
拉丁名：*Salix matsudana*（f.）'umbraculifera'

形态特征：落叶乔木。树冠广圆形；树皮暗灰黑色，有裂沟；大枝斜上展，分枝密集且长，端稍整齐；叶线状披针形，绿色或淡绿色。花期4月，果期4~5月。

生态习性：阳性树种，喜光、较耐寒、喜水湿，耐干旱，以生长在湿润、排水良好的土壤为宜。

观赏特点：树冠呈圆整丰满的半圆形，树形优美，枝条柔软，树姿端庄，树冠遮荫。

园林应用：我国北方地区主要防护林和园林绿化树种，可作庭荫树、行道树、护岸树，常栽培在河湖岸边或孤植于草坪，还可植于建筑物两旁，亦可作为公路树、防护林、用材林、沙荒造林、"四旁"绿化等用途。

毛白杨

科属：杨柳科杨属

拉丁名：*Populus tomentosa* Carrière

形态特征：乔木，高达30米。幼枝被灰毡毛，后光滑；芽卵形，花芽卵圆形或近球形，微被毡毛；叶长枝叶宽卵形或三角状卵形，先端短渐尖，基部心形或平截，具深牙齿或波状牙齿，上面光滑，下面密生毡毛；叶柄上部侧扁；短枝叶卵形或三角状卵形，先端渐尖，下面光滑，具深波状牙齿；雄花序长，雄花苞片约具10个尖头，密生长毛；雌花序长，苞片褐色，尖裂，沿边缘有长毛；柱头粉红色；果序长。花期3月，果期4~5月。

生态习性：耐旱力较强，适宜在黏土、壤土、砂壤或低湿轻度盐碱土中生长，在水肥条件充足的土壤中生长最快。

观赏特点：树姿雄壮，冠形优美，树体高大挺拔，姿态雄伟，叶大荫浓。

园林应用：是优良庭园绿化或行道树，又为华北地区速生用材造林树种，也是城乡及工矿区优良的绿化及速生用材林树种；常作行道树、园路树、庭荫树或用于营造防护林。

毛山荆子

科属： 蔷薇科苹果属
拉丁名： *Malus baccata* var. *mandshurica*（Maxim.）C. K. Schneid.

形态特征： 乔木，高达15米。小枝细弱，圆柱形；幼嫩时密被短柔毛，老时逐渐脱落，紫褐色或暗褐色；冬芽卵形，先端渐尖，无毛或仅在鳞片边缘微有短柔毛，红褐色；叶片卵形、椭圆形至倒卵形，先端急尖或渐尖，基部楔形或近圆形，边缘有细锯齿，基部锯齿浅钝近于全缘，具稀疏短柔毛；托叶叶质至膜质，线状披针形，先端渐尖，边缘有稀疏腺齿，内面有疏生短柔毛，早落；伞形花序，具花3~6朵，无总梗，集生在小枝顶端；萼片披针形，先端渐尖，全缘，内面被绒毛，比萼筒稍长；花瓣长倒卵形，基部有短爪，白色，雄蕊30；果实椭圆形或倒卵形。花期5~6月，果期8~9月。

生态习性： 喜光，耐寒性极强（有些类型乔木能抗-50℃的低温）、耐瘠薄、不耐盐，根深，寿命长。

观赏特点： 树姿优雅娴美，花繁叶茂，白花、绿叶、红枝互相映托，美丽鲜艳。

园林应用： 可作庭园观赏树种。

美国红枫

科属：槭树科槭属
拉丁名：*Acer rubrum* L.

形态特征：落叶小乔木。叶对生，茂密，新生的叶子正面呈微红色，之后变成绿色，直至深绿色，秋叶亮红色，极为绚丽；春天开花，花红色；果实为翅果，红色；树干笔直，成深褐色，茎干光滑无毛，有皮孔。花期3~4月。

生态习性：喜光、耐涝、喜肥，不耐旱、不耐盐，适合在砂壤、黏土等多种土壤中生长。

观赏特点：树形优美、枝干挺拔，秋叶变色，艳丽夺目。

园林应用：广种植于公园、小区、街道等场合，既可用于园林造景又可作行道树，也可在公园中孤植独立成景或片植，营造红色风景林。

木梨

科属：蔷薇科梨属
拉丁名：*Pyrus xerophila* T. T. Yu

形态特征：乔木。木梨叶卵形或长卵形，稀长椭圆状卵形，两面均无毛；花呈伞形总状花序，花序梗和花梗幼时均被稀疏柔毛；果卵球形或椭圆形，褐色，有稀疏斑点，萼片宿存。花期4月，果期8~9月。

生态习性：适应性强，喜冷凉气候，较耐寒、抗旱。

观赏特点：树形优美，花色洁白，春天白花满树，秋季褐果累累。

园林应用：宜植于公园、校园、居住区及庭院，也可以作为艺术盆景。

欧洲云杉

科属：松科云杉属
拉丁名：*Picea abies* (L.) H. Karst.

形态特征：乔木。幼树树皮薄,老树树皮厚,裂成小块薄片;小枝常下垂,幼枝淡红褐或橘红色,无毛或疏被毛,基部宿存芽鳞显著反卷;冬芽圆锥形;叶四棱状条形,直或弯,先端尖,横切面斜方形,四面有粉白色气孔线;球果圆柱形。花期5月,果期10月。

生态习性：耐阴性较强,对气候要求不严,抗寒性较强,喜半阴半阳,喜在土壤肥沃、水分条件较好的自然环境中生长。

观赏特点：树形美观,成年大树树冠尖塔形,枝条浓密,针叶鲜绿色,新叶黄绿色。

园林应用：广泛应用于园林景观设计和城市绿化。

苹果

科属：蔷薇科苹果属
拉丁名：*Malus pumila* Mill.

形态特征：乔木，高达15米。幼枝密被绒毛；冬芽卵圆形；叶椭圆形、卵形或宽椭圆形，基部宽楔形或圆形，具圆钝锯齿；叶柄粗，被短柔毛，托叶披针形，密被短柔毛，早落；伞形花序，集生枝顶；花瓣倒卵形，白色，含苞时带粉红色；果扁球形，顶端常有隆起，萼洼下陷，萼片宿存，果柄粗短。花期5月，果期7~10月。

生态习性：喜光、耐寒，耐受于较冷凉及干燥的气候，不耐瘠薄，适生于土质疏松、深厚肥沃、排水良好的中性或微酸性的砂质壤土。

观赏特点：春季可赏花，白里透红，芬芳高雅，秋季可观果，其果形圆润优美，色彩丰富，芬芳馥郁。

园林应用：宜植种于居住区、庭院等处，也可用作制作盆景。

七叶树

科属：无患子科七叶树属

拉丁名：*Aesculus chinensis* Bunge

形态特征：落叶乔木。其树皮深褐色或灰褐色，小枝、圆柱形，无毛或嫩时有微柔毛；掌状复叶，由5~7小片组成，长圆披针形至长圆倒披针形；花序圆筒形，花杂性，四片花瓣，白色，长圆倒卵形至长圆倒披针形；果球形或倒卵形，黄褐色，无刺；种子近球形，栗褐色。花期4~5月，果期10月。

生态习性：喜光，喜温暖湿润的气候，较耐寒，稍耐阴，怕烈日照射，宜在深厚、肥沃而排水良好的土壤中生长。

观赏特点：树干通直，冠幅圆满，树形优美，花大秀丽。

园林应用：适宜栽植于公园、居住区、校园等处；可孤植也可群植，与常绿树和阔叶树混种，园林绿化中常将七叶树孤植或栽于建筑物前及疏林之间，形成靓丽风景。

祁连圆柏

科属：柏科圆柏属
拉丁名：*Juniperus przewalskii* Kom.

形态特征：常绿乔木。树干直或略扭，裂成条片脱落。小枝不下垂，方圆形或四棱形，叶有刺叶与鳞叶，大树或老树则几全为鳞叶；鳞叶交互对生，刺叶三枚交互轮生，三角状披针形，上面凹，下面拱圆或上部具钝脊。雌雄同株，雄球花卵圆形，球果卵圆形或近圆球形，种子两端钝。花期通常在当年4月，果期则在翌年10~11月。

生态习性：耐瘠薄，耐干旱，耐寒冷。
观赏特点：树形优美，树叶苍绿。
园林应用：是公园、庭院、道路等公共用地绿化的重要树种。

青海云杉

科属: 松科云杉属
拉丁名: *Picea crassifolia* Kom.

形态特征: 常绿乔木。一年生嫩枝淡绿黄色,二年生小枝呈粉红色或淡褐黄色,叶片较粗,四棱状条形,先端钝,球果圆柱形或矩圆状圆柱形。花期4~5月,球果成熟9~10月。
生态习性: 生长缓慢,适应性强,可耐受-30℃低温;耐旱、耐瘠薄,喜中性土壤,忌水涝,幼树耐阴,喜寒冷潮湿的环境。
观赏特点: 四季常绿,树冠呈圆锥状,冠形优美。
园林应用: 广泛用于城市绿化、园林栽植、乡村美化及高速公路绿化等处。

青杄

科属：松科云杉属
拉丁名：*Picea wilsonii* Mast.

形态特征：常绿乔木。树皮淡黄灰或暗灰色，浅裂成不规则鳞状块片脱落；叶四棱状条形；球果卵状圆柱形或圆柱状长卵圆形。花期4月，球果10月成熟。
生态习性：喜光，稍耐阴，喜冷凉气候，适生于中性、酸性或微钙性土壤。
观赏特点：树冠塔形，树体高大，叶色碧绿。
园林应用：适宜在庭园绿地孤植、散植或群植于广场、公园、草坪、建筑物周围，形成壮观的园林效果；也可作为林区内的荒山造林和森林更新树种。

青杨

科属：杨柳科杨属
拉丁名：*Populus cathayana* Rehder

形态特征：落叶乔木。树冠阔卵形；树皮初光滑，灰绿色，老时暗灰色；短枝叶卵形、椭圆状卵形、椭圆形或狭卵形。花期3~5月，果期5~7月。

生态习性：喜温凉湿润，比较耐寒，适生于土壤深厚、肥沃湿润、透气性良好的砂壤土、河滩冲积土上，也能在砂土、砾土及弱碱性的黄土、粟钙土上正常生长。

观赏特点：树冠丰满，干皮清丽，树干挺直。

园林应用：是西北高寒荒漠地区重要的庭荫树、行道树，并可用于河滩绿化、防护林、固堤护森及用材林。

软儿梨

科属：蔷薇科梨属

拉丁名：*Pyrus ussuriensis* Maxim.

形态特征：落叶乔木，高达15米。一般为金字塔形，树姿开张，树冠呈扁圆形；树干及多年生枝黄褐色；皮孔稀疏圆形；新梢较细淡绿褐色；叶片中大卵圆形，具刺毛状齿缘；芽肥大先端尖；果近圆形。

生态习性：喜光、喜暖、需充足的水分；芽萌发力强，成枝力弱，采前落果严重，需加强水肥和剪修。

观赏特点：树体高大，生白花，秋叶色艳，果大芳香。

园林应用：可孤植在公园绿化中，如草坪边缘、花坛中心、角落向阳处及门口两侧等处。

桑树

科属：桑科桑属
拉丁名：*Morus alba* L.

形态特征：落叶乔木或灌木。树皮厚，灰色，具不规则浅纵裂；叶卵形或广卵形，边缘锯齿粗钝，时有叶为各种分裂，表面鲜绿色；花单性，雌雄异株，雌雄花序均为穗状；聚花果卵状椭圆形，成熟时红色或暗紫色。花期4~5月，果期5~8月。

生态习性：阳性树种，喜光、喜温暖湿润，耐寒、耐旱、不耐涝；抗污染，抗风，耐烟尘，抗有毒气体；喜深厚、疏松、肥沃的土壤中生长。

观赏特点：树冠宽阔，树叶茂密，秋季叶色变黄。

园林应用：可用于公园、观光果园、城市道路及城郊防护林带等处，也可以种植于庭院中，既能遮阴又能营造意境。

色木槭

科属：无患子科槭属

拉丁名：*Acer pictum* Thunb.

形态特征：落叶乔木。树皮粗糙，小枝细瘦，当年生枝绿色或紫绿色；叶近椭圆形，裂片卵形且全缘；花多数，雄花与两性花同株，多数常成无毛的顶生圆锥状伞房花序，花瓣淡白色椭圆形或椭圆倒卵形；翅果嫩时紫绿色，成熟时淡黄色；小坚果压扁状，翅长圆形。花期5-6月，果熟期8-9月。

生态习性：喜阳光，稍耐阴，喜温凉湿润的气候，耐寒性强，对土壤要求不严，在酸性土、中性土及石灰性土中均能生长，但在湿润、肥沃、土层深厚的土中生长最好。

观赏特点：树冠宽阔，树形秀美，叶、果亮丽，入秋叶色变为红色或黄色，是优良的秋叶色树种。

园林应用：可用于营造山地风景林，也可栽培供庭园观赏，又可作庭荫树、行道树。

沙果

科属：蔷薇科苹果属

拉丁名：*Malus asiatica* Nakai

形态特征：落叶小乔木。沙果的树冠为圆形；叶片为卵形或椭圆形，叶片的边缘有极细的锯齿；伞形总状花序，生在短枝的顶端，花蕾时粉红色，开后色褪为白而带红晕；果实为扁圆形，黄或红色。花期5月，果期7~8月。其肉质疏松，味甜酸而芳香不耐贮；稍贮后肉质即沙化，故名沙果。

生态习性：喜光、耐寒、耐干旱，亦耐水湿及盐碱，适生范围广，对土壤肥力要求不严，在土壤排水良好的坡地生长尤佳，根系强健，萌性强，生长旺盛，抗逆性强。

观赏特点：树冠圆大，树姿张开，树势强健，花繁果密。

园林应用：最宜种植于公园、游园、居住区、庭院等处，是北方城市园林置景，具有很高的观赏价值。

沙梾

科属: 山茱萸科山茱萸属
拉丁名: *Cornus bretschneideri* L. Henry

形态特征: 落叶灌木或小乔木。其树皮紫红色;幼枝圆柱形,带红色,有稀疏的贴生灰白色短柔毛;叶对生,纸质,卵形、椭圆状卵形或长圆形;伞房状聚伞花序顶生,花小,白色;核果蓝黑色至黑色,近于球形。花期6~7月,果期8~9月。

生态习性: 耐旱、耐寒,适应性强,对土壤要求不严。

观赏特点: 叶色翠绿,花色美丽。

园林应用: 可作为庭园绿化树种,适合作为庭院、"四旁"绿化和退耕还林(草)浅山造林的搭配树种。

沙枣

科属: 胡颓子科胡颓子属
拉丁名: *Elaeagnus angustifolia* L.

形态特征: 落叶乔木。其茎干较高,无刺或具刺,棕红色,发亮,呈圆柱形;叶子较小,呈薄纸质,矩圆状披针形,上面绿色,下面灰白色;果实椭圆形,粉红色,表面有柔毛;果肉乳白色,粉质,果梗短,粗壮。花期5~6月,果期9月。

生态习性: 喜光、耐寒性强、耐干旱、耐水湿、耐盐碱、耐瘠薄、耐风沙,根系发达,以水平根系为主,根上具有根瘤菌,喜疏松的土壤。

观赏特点: 花朵浓香,沁人心脾,开花时有桂花香味,花银白色且美丽。

园林应用: 最宜作盐碱和砂荒地区的绿化用,宜植为防护林;常用作行道树,庭院观赏树。

山荆子

科属：蔷薇科苹果属

拉丁名：*Malus baccata* (L.) Borkh.

形态特征：落叶乔木，高可达10米以上。树皮灰褐色，光滑，不易升裂；新梢黄褐色，无毛，嫩梢绿色微带红褐；叶片椭圆形，先端渐尖，基部楔形，叶缘锯齿细锐；伞形总状花序；花白色，花柱5或4，基部有长柔毛；4~6朵花集生在短枝顶端。开花4~6月，果近球形，直径0.8~1厘米，红色或黄色。

生态习性：喜光，耐寒性极强、耐瘠薄、不耐盐，深根性，寿命长。

观赏特点：树姿优雅娴美，花繁叶茂，白花、绿叶、红枝互相映托美丽鲜艳，秋季结成小球形红黄色果实，经久不落，很美丽。

园林应用：宜植栽于公园、居住区、游园等处，是城乡绿化的重要树种，可作庭园观赏树种。

山桃

科属： 蔷薇科李属

拉丁名： *Prunus davidiana*（Carrière）Franch.

形态特征： 落叶乔木，高可达10米。树冠开展，树皮暗紫色，光滑；小枝细长，直立，幼时无毛，老时褐色；叶片卵状披针形，两面无毛；叶片卵状披针形，两面无毛，叶边具细锐锯齿，叶柄无毛，常具腺体；花单生，先于叶开放，花梗极短或几无梗，花瓣倒卵形或近圆形，粉红色；果实近球形，淡黄色，外面密被短柔毛，果肉薄而干。花期3~4月，果期7~8月。

生态习性： 强阳性树种，耐盐碱、耐瘠薄、耐旱、怕涝；适宜在阳光充足、通风、排水良好、中性至微碱性的砂质土壤环境中生长。

观赏特点： 花期早，叶前繁花怒放，花色艳丽、繁茂，有香气。冬季在白雪映衬下，光亮醒目的枝干色泽亦颇为美观。

园林应用： 宜在园林中成片植于山坡并以苍松翠柏为衬托背景，也很合适在庭院、草坪、水际、林缘、建筑物前零星栽植。

山杏

科属：蔷薇科李属
拉丁名：*Prunus sibirica* L.

形态特征：落叶灌木或小乔木。其树皮暗灰色；小枝无毛，稀幼时疏生短柔毛，灰褐色或淡红褐色；叶片卵形或近圆形，叶缘有细钝锯齿，两面无毛；花单生，先于叶开放；花萼紫红色；萼筒钟形，基部微被短柔毛或无毛；花瓣近圆形或倒卵形，白色或粉红色；果实扁球形，黄色或橘红色，有时具红晕，被短柔毛。花期3~4月，果期6~7月。
生态习性：适应性强，喜光，耐寒、耐旱、耐瘠薄。
观赏特点：花先叶开放，春天淡红色杏花满枝，春意融融。
园林应用：宜于绿化荒山、保持水土，又可作沙荒防护林的伴生树种；还可与常绿针叶树、古树、山石等配景；亦可作行道树，或栽植于公园、厂矿、机关、庭院等处。

山樱花

科属： 蔷薇科李属

拉丁名： *Prunus serrulata* Lindl.

- **形态特征：** 落叶乔木，树皮灰褐色或灰黑色。小枝灰白色或淡褐色；冬芽卵圆形，无毛；叶片卵状椭圆形或倒卵椭圆形，先端渐尖，基部圆，渐尖单锯齿，齿尖有小腺体，上面深绿色，下面淡绿色，无毛；花序伞房总状或近伞形，有花2~3朵；总苞片褐红色，倒卵长圆形；花瓣白色，稀粉红色；核果球形或卵球形，紫黑色。花期4~5月，果期6~7月。
- **生态习性：** 适应性较强，喜生于排水良好、土质深厚、疏松、肥沃的土壤中；喜阳光充足、空气湿润的气候；喜通风良好的环境。
- **观赏特点：** 色鲜艳亮丽，枝叶繁茂旺盛，是早春重要的观花树种，常用于园林观赏；常以群植，也可植于山坡、庭院、路边、建筑物前等处；盛开时节花繁艳丽，满树烂漫，如云似霞，极为壮观。
- **园林应用：** 大片栽植造成"花海"景观，可三五成丛点缀于绿地形成锦团，也可孤植，形成"万绿丛中一点红"之画意；樱花还可作小路行道树、绿篱或制作为盆景。

山楂

科属：蔷薇科山楂属
拉丁名：*Crataegus pinnatifida* Bunge

形态特征：落叶乔木。其树皮粗糙,暗灰色或灰褐色;小枝圆柱形,当年生枝紫褐色;叶片宽卵形或三角状卵形,托叶草质,镰形,边缘有锯齿;伞房花序具多花,苞片膜质,线状披针形;萼筒钟状;萼片三角卵形至披针形;花瓣倒卵形或近圆形;花瓣倒卵形或近圆形;果实近球形或梨形,深红色,有浅色斑点。花期5~6月,果期9~10月。

生态习性：阳性树种,喜光亦耐阴,喜凉爽湿润的环境;耐寒、耐旱、不耐涝,对土壤要求不严,喜冷凉干燥气候及排水良好的土壤,具有很强的适应性。

观赏特点：树形优美,花朵雅致,果实鲜艳。

园林应用：可以孤植、丛植、群植和列植,常用于街路、公园、广场、居住区、庭院及风景区等处的绿地。

陕甘花楸

科属：蔷薇科花楸属

拉丁名：*Sorbus koehneana* C. K. Schneid.

形态特征：落叶灌木或小乔木。其小枝红褐色至灰黑色，外被柔毛；羽状复叶，小叶17~25个，小叶近无柄，长圆形至长圆披针形，先端渐尖或钝圆，基部斜楔形，背面灰绿色，叶轴上有浅沟，两侧有窄翅；复伞房花序，花瓣卵圆形；果球形，白色。花期6月，果期9月。

生态习性：喜光、耐寒、耐旱、耐湿，好生长在温润肥沃土壤中。

观赏特点：树干挺拔优美，枝叶秀丽，秋季果实累累。

园林应用：优良的园林观赏树种，是北方园艺中使用最广泛的秋花和果实植物之一。

树锦鸡儿

科属：豆科锦鸡儿属
拉丁名：*Caragana arborescens* Lam.

形态特征：落叶小乔木或大灌木植物。其老枝深灰色，稍有光泽，小枝有棱，幼时被柔毛，绿色或黄褐色；托叶针刺状，小叶长圆状倒卵形、狭倒卵形或椭圆形，先端圆钝，具刺尖，基部宽楔形；花萼钟状，花冠黄色；荚果圆筒形，先端渐尖。花期5~6月，果期8~9月。

生态习性：喜光照充足的环境，较耐阴、耐寒、耐旱、耐贫瘠，可在弱度盐碱性土壤中生长。

观赏特点：叶色鲜绿，花朵美丽。

园林应用：可孤植、丛植于岩石旁和小路边，也可作绿篱或盆景材料，更是一种良好的蜜源植物及水土保持树种。

丝棉木

科属：卫矛科卫矛属

拉丁名：*Euonymus maackii* Rupr.

形态特征：落叶小乔木。其小枝圆柱形；叶对生，卵状椭圆形、卵圆形，先端长渐尖，基部宽楔形或近圆，边缘具细锯齿；花序梗微扁；花淡白绿或黄绿色；花萼裂片半圆形；花瓣长圆状倒卵形；蒴果倒圆心形，熟时粉红色；种子棕黄色，长椭圆形；假种皮橙红色，全包种子。花期5月中下旬至6月中旬，果期8~10月。

生态习性：喜光、耐寒、耐旱、稍耐阴，也耐水湿，生长较慢，适宜栽植在肥沃、湿润的土壤中。

观赏特点：树冠卵形或卵圆形，枝叶秀丽，入秋蒴果粉红色，果实有突出的四棱角，开裂后露出桔红色假种皮。

园林应用：宜植于林缘、草坪路旁、湖边及溪畔，也可用做防护林或工厂绿化树种；无论孤植，还是栽植于行道，皆有风韵。

绦柳

科属：杨柳科柳属
拉丁名：*Salix matsudana* 'Pendula'

形态特征：落叶乔木。其小枝黄色，叶为披针形，下面苍白色或带白色，叶柄短，叶为狭披针形或线状披针形，下面带绿色。花序与叶同时开放，雄花序圆柱形。花期4月，果期4~5月。

生态习性：喜光，耐寒性强、耐水湿又耐干旱；对土壤要求不严，干瘠砂地、低湿沙滩和弱盐碱地上均能生长。

观赏特点：树形美观，光滑柔软的枝条状若丝绦，纷披下垂。

园林应用：宜可作为公园绿化、行道树等用途。常用于水岸边、路边、草地中栽培观赏，孤植、列植效果均佳。

桃

科属：蔷薇科李属

拉丁名：*Prunus persica*（L.）Batsch

形态特征：落叶小乔木。其枝条圆柱形，光滑；叶互生，卵状披针形或长圆状披针形，有细齿，托叶线形；花萼被短柔毛，花瓣粉红色；核果宽卵状球形，密被短柔毛；核坚木质；种子扁卵状心形。花期3~4月，果实成熟期因品种而异，通常为8~9月。

生态习性：喜光，不耐阴，适温和气候；耐寒、耐旱，忌涝；适宜在土层深厚、富含腐殖质、排水良好、疏松肥沃及保水、保肥能力强的土壤上种植，多生长在光照良好的向阳或半阳坡地。

观赏特点：春季开花，花朵丰满、色彩鲜艳，观赏价值较高。

园林应用：可作为花坛或庭院中的装饰植物，也可以作为行道树或路边树，可在城市街道、公园或景区中种植。

天山花楸

科属：蔷薇科花楸属

拉丁名：*Sorbus tianschanica* Rupr.

形态特征：落叶灌木或小乔木。其小枝粗壮，圆柱形，褐色或灰褐色，有皮孔，嫩枝红褐色，微具短柔毛；奇数羽状复叶；复伞房花序大形，有多数花朵，排列疏松；果实球形，鲜红色。花期5~6月，果期9~10月。

生态习性：沿河畔沟谷两侧分布，与雪岭云杉伴生，普遍生长于海拔2 000米~3 200米的高山溪谷中或云杉林边缘。

观赏特点：叶、果极为美丽，秋天叶先变黄转红，红果满树，是优美的庭园观赏树种，也是园林绿化树种的珍品。

园林应用：宜植种于公园、居住区、校园、机关等处，可作行道树或成片栽植。

文冠果

科属: 无患子科文冠果属
拉丁名: *Xanthoceras sorbifolium* Bunge

形态特征: 落叶灌木或小乔木。其小枝粗壮,褐红色;小叶膜质或纸质,披针形或近卵形,边缘有锐利锯齿;花序先叶抽出或与叶同时抽出,两性花的花序顶生,雄花序腋生,直立,花瓣白色,基部紫红色或黄色。花期4~5月,果期7~8月。

生态习性: 喜光照,耐旱、耐瘠薄、耐盐碱,适应力好,对土壤要求不严,不耐涝。

观赏特点: 树姿秀丽优美,花序大,花朵稠密,花期长,是优良的观赏树种。

园林应用: 适宜在公园、庭园、绿地孤植或群植。

西府海棠

科属：蔷薇科苹果属
拉丁名：*Malus×micromalus* Makino

形态特征：落叶小乔木，高达2.5~5米。其树枝直立性强；小枝细弱圆柱形，紫红色或暗褐色，叶片长椭圆形或椭圆形，基部楔形稀近圆形，边缘有尖锐锯齿，伞形总状花序，花瓣近圆形或长椭圆形，粉红色；果实近球形，红色。花期4~5月，果期8~9月。

生态习性：阳性树种，喜光、较耐寒、性喜水湿，也能耐干旱，以湿润、排水良好的土壤为宜。

观赏特点：花红，叶绿，果美，花朵红粉相间，叶子嫩绿可爱，果实鲜美诱人。

园林应用：宜于公园、游园、居住区、学校、庭园等处绿化所用，无论采用孤植、列植、丛植何种方式种植，其周边环境更具观赏价值。

西洋接骨木

科属: 忍冬科接骨木属
拉丁名: *Sambucus nigra* L.

形态特征: 落叶乔木或大灌木。其幼枝具纵条纹,二年生枝黄褐色,具明显凸起的圆形皮孔;髓部发达,白色。羽状复叶有小叶片1~3对,通常2对,具短柄,椭圆形或椭圆状卵形,果实亮黑色。花期4~5月,果熟期7~8月。
生态习性: 喜光,亦耐阴,较耐寒、又耐旱,忌水涝,抗污染性强,以生长在肥沃、疏松的土壤中为好。
观赏特点: 花朵较小,气味芳香,其盛开时呈团状分布,品种较多。
园林应用: 宜种植于公园、居住区、游园等处;群植时,可结合实际栽植情形配以适量常绿树,充分发挥其衬托作用。

香花槐

科属：豆科刺槐属
拉丁名：*Robinia×ambigua 'Idahoensis'*

形态特征：落叶乔木，树干为褐色至灰褐色。叶互生，羽状复叶、叶椭圆形至卵状长圆形；叶片美观对称，深绿色有光泽，青翠碧绿；密生成总状花序，作下垂状；花被红色，有浓郁的芳香气味，可以同时盛开小红花200~500朵。花期5~7月或连续开花，无荚果不结种子。

生态习性：喜光，耐寒，能抗低温，耐干旱、瘠薄、耐盐碱。

观赏特点：树冠开张，树形优美，花色艳丽。

园林应用：是很好的园林观赏树种，具有很高的观赏价值。

小蜡

科属：木樨科女贞属

拉丁名：*Ligustrum sinense* Lour.

形态特征：落叶灌木或小乔木。小枝圆柱形；叶片纸质或薄革质，卵形、椭圆状卵形、长圆形、长圆状椭圆形至披针形；圆锥花序顶生或腋生，塔形；果近球形。花期3~6月，果期9~12月。

生态习性：喜光、喜温暖或高温湿润的气候。耐寒，较耐瘠薄，不耐水湿，以宜于生长在肥沃之砂质壤土为佳。

观赏特点：树冠分枝茂密，盛花期，花开满树，如皑皑白雪，是优美的木本花卉和园林风景树。

园林应用：适宜作隐蔽遮挡绿篱、绿墙和绿屏。在规划设计的庭园中，可整形成长、方、圆各种几何图形，作模纹花坛材料；也可数株一丛，修成圆球或其他形状。对植于庭门、入口及路边，亦甚协调美观。小蜡树恣袅娜，配植在树丛、林缘、溪边、池畔更为协调、宜景。

小叶杨

科属：杨柳科杨属
拉丁名：*Populus simonii* Carrière

形态特征：落叶乔木，高达20米，胸径50厘米以上。树皮呈筒状，幼树皮灰绿色，表面有圆形皮孔及纵纹，偶见枝痕；老皮色较暗，表面粗糙，有粗大的沟状裂隙；内表面黄白色，有纵向细密纹；质硬不易折断，断面纤维性；气微，味微苦。花期3~5月，果期4~6月。

生态习性：喜光树种，不耐阴，适应性强，对气候和土壤要求不严，耐旱、抗寒、耐瘠薄或弱碱性土壤。

观赏特点：树冠丰满，干皮清丽，秋天树叶变黄，极具观赏效果。

园林应用：是西北高寒荒漠地区重要的庭荫树、行道树，并可用于河滩绿化、防护林、固堤护森及用材林，常和沙棘造林。

新疆杨

科属：杨柳科杨属

拉丁名：*Populus alba* var. *pyramidalis* Bunge

形态特征：落叶乔木，高可达35米，胸径可达1米。其树冠窄圆柱形或尖塔形；树皮为灰白或青灰色，光滑少裂；萌条和长枝叶掌状深裂，基部平截；叶柄侧扁或近圆柱形，披白绒毛；花序轴有毛，雌蕊具短柄，花柱短；蒴果是无毛细圆锥形。花期4~5月；果期5月。

生态习性：喜光，耐干旱、耐高温、耐瘠薄及盐碱土，生长快，深根性，抗风力强，对有毒气体抗性强，不适应海拔高、气候寒冷地区。

观赏特点：树形挺拔，干形端直，窄冠，叶形优美，秋季叶色变黄。

园林应用：适合作行道树列植、公园绿地丛植和作为广场、绿带及旅游景点的景观树，也是作城市园林绿化背景的优质材料。

杏

科属：蔷薇科李属
拉丁名：*Prunus armeniaca* L.

形态特征：落叶乔木。树冠开阔，呈圆球形或扁球形；叶呈宽卵形或圆卵形；花单生，两性花，花瓣呈白色或带红色；果实球形，白色、黄色至黄红色；种仁味苦或甜。花期3~4月，果期6~7月。

生态习性：喜光，耐寒、耐旱、耐瘠薄，适应性强，寿命长，但不抗涝。

观赏特点：其花色又红又白，似胭脂万点，花繁姿娇，占尽春风。

园林应用：配植于庭前、墙隅、道路旁、水边，也可群植、片植于山坡、水畔，还可作沙漠及荒山造木优质树种。

银杏

科属：银杏科银杏属
拉丁名：*Ginkgo biloba* L.

形态特征：落叶乔木，高达40米，胸径可达4米。其幼树树皮浅纵裂，大树之皮呈灰褐色，深纵裂，粗糙；幼年及壮年树冠圆锥形，老则广卵形；叶扇形，有长柄，淡绿色，在短枝上常具波状缺刻，在长枝上常2裂，基部宽楔形；球花雌雄异株，单性，呈簇生状；雄球花葇荑花序状，下垂；种子具长梗，下垂，常为椭圆形、长倒卵形、卵圆形或近圆球形状。花期3~4月，果期9~10月。

生态习性：喜光，耐干旱、耐高温、耐瘠薄及盐碱土，生长快，深根性，抗风力强，对有毒气体抗性强，不适应海拔高、气候寒冷地区。

观赏特点：树形优美，春夏季叶色嫩绿，秋季变成黄色，颇为美观。

园林应用：可作庭园树及行道树；在庭院中无论是单植，还是和其他树木搭配种植都能为庭院增加独特韵味。

油松

科属：松科松属
拉丁名：*Pinus tabuliformis* Carrière

形态特征：常绿乔木，植株高达25米，胸径可达1米以上。其树冠塔形或卵圆形，孤立老树冠平顶，扁圆形或伞形；树皮呈灰褐色或褐灰色，裂成不规则较厚的鳞状块片；小枝较粗，褐黄色，冬芽为圆柱形，红褐色；叶二针一束，粗硬；雄球花圆柱形，在新枝下部聚生成穗状；球果卵形或圆卵形，成熟前显绿色，成熟时为淡黄色或淡褐黄色。花期4~5月，翌年球果10月成熟。

生态习性：根系发达，具有很强的耐旱耐寒性，能抵御-30℃的低温；耐贫瘠，在微酸性、中性及钙质黄土上均可生长。

观赏特点：四季常青，树干挺拔苍劲、分枝弯曲多姿、树冠层次有别、树色变化多。

园林应用：常被作为北方园林植物造景常采用的基调和骨干树种。

榆叶梅

科属：蔷薇科李属
拉丁名：*Prunus triloba* Lindl.

形态特征：落叶灌木或小乔木。枝条开展，具多数短小枝；叶片宽椭圆形至倒卵形，先端短渐尖，叶边具粗锯齿或重锯齿；花先于叶开放；因其叶片像榆树叶，花朵酷似梅花而得名榆叶梅。果实近球形，红色，果肉薄。花果期4~7月。

生态习性：喜光、喜温暖湿润，稍耐阴、耐盐碱、耐寒，在-35℃下越冬；对土壤要求不严，以生长在中性至微碱性而肥沃土壤为佳；耐旱力强，不耐涝，抗病力强。

观赏特点：枝叶茂密，花繁色艳。

园林应用：适宜在公园、居住区、校园、游园等处植栽；是我国北方街道，路边等重要的绿化观花灌木树种；其有较强的抗盐碱能力；适宜种植在草地、路边或庭园中的角落、水池等地。

元宝枫

科属： 无患子科槭属
拉丁名： *Acer truncatum* Bunge

形态特征： 落叶乔木，高达10米。叶长5~12厘米，宽8~12厘米，裂片三角状卵形，基部平截，稀微心形，幼叶下面脉腋具簇生毛，掌状；叶柄长3~13厘米；伞房花序顶生，雄花与两性花同株，矩圆状倒卵形，着生于花盘内缘；小坚果果核扁平，脉纹明显，基部平截或稍圆，翅矩圆形，常与果核近等长，两翅成钝角。花期5月，果期9月。

生态习性： 温带阳性树种，根系发达，抗风力较强，喜深厚肥沃土壤，喜阳光充足的环境，稍耐阴、耐旱，忌水涝。

观赏特点： 叶色富于变化，春叶红艳，秋叶金黄，还可数次摘叶，摘叶后新叶小而红。

园林应用： 可作园景树和庭荫树、行道树、树桩盆景、园林建筑配植、工厂绿化树种等用途。

圆柏

科属：柏科刺柏属
拉丁名：*Juniperus chinensis* Roxb.

形态特征：常绿乔木，高达20米。其树皮深灰色，幼树的枝条通常斜上伸展，小枝通常直或稍成弧状弯曲；叶二型，即刺叶及鳞叶，刺叶三叶交互轮生；雌雄异株，稀同株，雄球花黄色，椭圆形；球果近圆球形，两年成熟，熟时暗褐色，被白粉或白粉脱落；种子卵圆形，扁，顶端钝。花期4月，果熟翌年10~11月。

生态习性：喜光树种，喜温凉、温暖气候及湿润土壤，生于中性土、钙质土及微酸性土上。

观赏特点：树形优美，伟岸挺拔，干枝扭曲，姿态古拙、飘逸。

园林应用：可以独树成景；又可配置于古庭院、古寺庙等风景名胜区，在庙宇、陵墓宜作甬道树和纪念树，还可群植、丛植；圆柏既可作绿篱或栽植在建筑物北侧阴处，又可整形后在花坛、庭园、草坪中种植。

圆冠榆

科属：榆科榆属

拉丁名：*Ulmus densa* Litw.

形态特征：落叶乔木，枝条直伸至斜展，树冠密，近圆形。叶卵形，先端渐尖，基部枝条偏斜向上；花在上年生枝上排成簇状聚伞花花序；翅果长圆状倒卵形，除顶端缺口柱头面被毛外，余处无毛。花果期4~5月。

生态习性：喜光、耐寒、抗高温，适合在盐碱土壤中生长，在土层深厚、湿润、疏松砂质土壤中生长则更迅速。

观赏特点：树冠球形，主干端直，绿荫浓密，树形优美，叶片翠绿。

园林应用：可作为行道树、庭院树、公园树等，也可制作盆景。

云杉

科属:松科云杉属

拉丁名:*Picea asperata* Mast.

形态特征:常绿乔木。其树皮淡灰褐色,裂成稍厚的不规则鳞状块片脱落;小枝疏生或密被短毛,叶枕有白粉,基部宿存芽鳞反曲,冬芽圆锥形,有树脂;叶四棱状条形,先端微尖或急尖,横切面四菱形,四面有粉白色气孔线;球果圆柱长圆形,熟前绿色,熟时淡褐或褐色;种子倒卵圆形;花期4~5月,球果9~10月成熟。

生态习性:稍耐阴、耐干、耐寒,适生在气候凉润、土层深厚、排水良好的微酸性棕色森林土地中。

观赏特点:树形端正,枝叶茂密,叶上有明显粉白气孔线,远眺如白云缭绕,苍翠可爱。

园林应用:宜作庭园绿化观赏树种,也可孤植、丛植或与桧柏、白皮松配植,或作草坪衬景。

皂荚

科属： 豆科皂荚属

拉丁名： *Gleditsia sinensis* Lam.

形态特征： 落叶乔木。枝为刺圆柱形，小叶卵状披针形或长圆形；花杂性，为黄白色；荚果带状，厚且直，两面膨起；果瓣革质，褐棕或红褐色，常被白色粉霜，有多数种子；荚果短小，稍弯呈新月形，内无种子。花期3~5月，果期5~12月。

生态习性： 阳性树种，喜在阳光充足、土壤肥沃的土壤中生长为宜；也喜温暖向阳的环境，不足是喜光不耐庇阴。

观赏特点： 树干高大，树冠广阔，叶密荫浓，姿态雄伟。

园林应用： 庭荫树、道路绿化、城乡景观林等的主要树种之一，也可用做防护林和水土保持林。

樟子松

科属：松科松属

拉丁名：*Pinus sylvestris* var. *mongholica* Litv.

形态特征：常绿乔木，高15~25米，最高达30米，树冠椭圆形或圆锥形。其树干挺直，3~4米以下的树皮黑褐色，鳞状深裂，叶2针一束，刚硬，常稍扭曲，先端尖；雌雄同株，雄球花卵圆形，黄色，聚生在当年生枝的下部；雌球花球形或卵圆形，紫褐色；球果长卵形。花期5~6月，球果翌年9~10月成熟。

生态习性：喜光性强、深根性树种，能适应在土壤水分较少的山脊及向阳山坡，以及较干旱的砂地及石砾砂土地中生长，也可与多成纯林或与落叶松混生。

观赏特点：树形及树干均较美观。

园林应用：可作庭园观赏和绿化树种，也可作三北地区防护林及固沙造林的主要树种。

中国沙棘

科属： 胡颓子科沙棘属

拉丁名： *Hippophae rhamnoides* subsp. *sinensis* Rousi

形态特征： 落叶灌木或乔木。嫩枝褐绿色，密被银白色而带褐色鳞片或有时具白色星状柔毛，老枝灰黑色、粗糙、金黄色或锈色；单叶互生或近对生，狭披针形或矩圆状披针形；果为肉质花被筒包围，橙黄色或橘红色，果实圆形、近圆形或圆柱形。花期4~5月，果期9~10月。

生态习性： 喜光，耐寒、耐酷热、耐风沙及干旱的气候，可在盐碱化土地上生存。耐受极端最低温度可达-50℃，极端最高温度可达50℃。

观赏特点： 树形优美，春夏季叶色嫩绿，秋季结橘黄色果实，果实挂满树枝颇为美观。

园林应用： 适宜植种公园、居住区、道路边坡等处，是优良的保土固砂植物及薪炭林树种。

梓树

科属：紫葳科梓属
拉丁名：*Catalpa ovata* G. Don

形态特征：落叶乔木，树冠伞形，主干通直。其嫩枝具稀疏柔毛；叶对生或近于对生，有时轮生，阔卵形；顶生圆锥花序；花序梗微被疏毛，花为淡黄色，有紫色斑点；蒴果线形，下垂；种子为椭圆形，两端具长毛。花期5~6月，果期10~11月。

生态习性：阳性树种，喜欢光照，稍耐半阴，较耐严寒，适应性强，适宜在微酸性、中性、有钙质化的土壤中正常生长，亦喜深厚肥沃、湿润的砂质土壤中生长。

观赏特点：树姿优美，叶片浓密，花繁果茂，成簇状长条形果实挂满树枝。

园林应用：宜作为行道树、庭荫树，还具有较强的消声、滞尘、忍受大气污染能力，能抗二氧化硫、氯气、烟尘等有害气体，是良好的环保树种，可营建良好的生态风景林。

紫丁香

科属：木樨科丁香属
拉丁名：*Syringa oblata* Lindl.

形态特征：落叶灌木或小乔木。其树皮呈灰褐色或灰色；叶片革质或厚纸质，卵圆形至肾形；圆锥花序直立，近球形或长圆形；花冠紫色；果倒卵状椭圆形、卵形至长椭圆形，先端长渐尖，光滑。花期4~5月，果期6~10月。

生态习性：喜温暖湿润、阳光充足的环境，稍耐阴，具有一定的耐寒力和较强的耐旱力，对土壤的要求不高，耐瘠薄，适宜生长在肥沃且排水良好的土壤中。

观赏特点：树势强健、枝叶茂密、花美而香。

园林应用：可广泛丛植于公园、风景区、庭园、园林小区的绿地草坪中，也可散植于园路两侧、园区一隅、亭廊旁、山石斜坡及建筑物前庭花坛等地，还可与其他丁香类树木配植成专类园；其也可作为盆栽，用于美化室内环境。

紫果云杉

科属：松科云杉属

拉丁名：*Picea purpurea* Mast.

形态特征：常绿乔木，树高可达30米。小枝橙黄色，密生短柔毛上有木钉状叶枕；冬芽圆锥形，有油脂；叶锥形，螺旋状排列，辐射状斜展，球果单生侧枝顶，种鳞斜方状卵形，上部成三角形，边缘有波状细齿，树皮片状剥落。该树种是耐阴很强的树种，浅根性，每年5月开花，10月果熟。

生态习性：耐高寒、耐干旱气候，喜温湿，耐阴性强。

观赏特点：干形端直，树形优美，树冠呈锥形，树姿挺拔。

园林应用：可以作为园林景观中的重要元素，起到点缀和衬托其他植物的作用；是园林景区、公园和别墅庭院中常见种植。

紫叶稠李

科属: 蔷薇科稠李属
拉丁名: *Padus virginiana 'Canada Red'*

形态特征: 落叶大乔木。单叶互生,初生叶为绿色,叶背有白粉,秋后变成红色;整个生长季节,叶子都为紫色或绿紫色;总状花序,花序直立后期下垂,花白色,近圆形;核果球形、成熟时紫红色或紫黑色,小果皮亮。花期4~5月,果熟期7~8月。

生态习性: 喜光,在半阴生长环境下,叶片很少转为紫红色;在湿润、肥沃疏松、排水良好、pH值6~8的砂壤土上生长健壮。

观赏特点: 它具有四季观赏的叶片与密集生长在道路两侧的绿叶林木交相互映,色彩纷呈;果实也可作为观赏果。

园林应用: 在公园、机关、街心花园及居民小区中孤植、对植、丛植,可独成一景,亦可单独自然式散植或单独、规则、自然成片栽植或与其他植物在房前屋后、草坪、河畔、山石旁混植。

紫叶李

科属：蔷薇科李属

拉丁名：*Prunus cerasifera* 'Atropurpurea'

形态特征：落叶灌木或小乔木。多分枝,枝条细长,暗灰色,小枝暗红色,无毛;冬芽卵圆形,紫红色;叶片椭圆形、卵形或倒卵形,极稀椭圆状披针形,紫色;托叶膜质,披针形,先端渐尖,边有带腺细锯齿,早落;花梗无毛或微被短柔毛;萼筒钟状,萼片长卵形;花瓣白色,长圆形或匙形;核果近球形或椭圆形。

生态习性：喜光,不耐阴,不耐寒,喜温暖湿润气候,宜在肥沃深厚、排水良好的中性、酸性土壤中良好的生长,抗逆性较强。花期4月,果期8月。

观赏特点：枝繁叶茂,色艳而穗繁,花朵白中含粉,开满枝头,宛如飘落大地上的一片云霞。叶子常年紫红色,能衬托背景。果实也具有观赏价值,成熟后密集的红果小巧可爱。

园林应用：可孤植、丛植、片植于公园、庭园、道路旁等绿地,具有抗较高浓度氯气的功能,可作为抗大气污染的绿化植物栽植。

紫叶桃

科属：蔷薇科李属
拉丁名：*Prunus persica 'Atropurpurea'*

形态特征：落叶乔木，高3~8米。树冠宽广而平展；树皮暗红褐色，枝细长，绿色，向阳处转变成红色；叶片长圆披针形、椭圆披针形或倒卵状披针形；花瓣长圆状椭圆形至宽倒卵形，粉红色，罕为白色；叶片紫红色。

生态习性：喜光，耐旱，不耐水湿，喜排水良好的砂质壤土，忌低洼积水地栽植。在弱酸性或弱碱性土上均能生长，在温带地区生长最好，寿命在20~25年。

观赏特点：花大色艳，开花时美丽漂亮，株型美观，叶色紫红。

园林应用：适种栽于公园、居住区、游园及单位绿化等处，也宜植于庭园或水岸观赏。

钻天杨

科属：杨柳科杨属

拉丁名：*Populus nigra* var. *italica* (Moench) Koehne

形态特征：落叶乔木。树皮暗灰褐色，老时沟裂，黑褐色；树冠圆柱形；小枝圆，光滑，黄褐色或淡黄褐色；芽长卵形，淡红色，富黏质；长枝叶扁三角形，短枝叶菱状三角形；花序轴光滑；蒴果柄细长。花期4月，果期5月。

生态习性：喜光、耐寒、耐干冷的气候，湿热气候宜多病虫害，稍耐盐碱和水湿，忌低洼积水及土壤干燥黏重。

观赏特点：树冠圆柱状，高耸挺拔，姿态优美。

园林应用：丛植于草地或列植堤岸、路边，有高耸挺拔之感，在北方园林中常作为行道树、防护林用。

灌木

白刺

科属：白刺科白刺属
拉丁名：*Nitraria tangutorum* Bobrov

形态特征：落叶灌木。枝弯曲、先端刺针状，幼枝白色，幼枝之叶2~3枚簇生，宽倒披针形，长椭圆状匙形，长18~30毫米，宽6~8毫米，先端圆钝，稀尖，基部楔形，无毛，全缘，稀先端2~3齿裂；花较密，白色，花瓣及子房无毛；核果卵形，有时椭圆形，长8~12毫米，径6~9毫米，熟时深红色，果汁玫瑰色；果核窄卵形，长5~6毫米，径3~4毫米，先端短渐尖。花期5~6月，果期7~8月。

生态习性：旱生型阳性植物，不耐庇阴、不耐水湿积涝，适应性极强，极耐旱、耐盐碱、抗寒、抗风、耐高温、耐瘠薄。

观赏特点：树姿雄壮，冠形优美，树体高大挺拔，姿态雄伟，叶大阴浓。

园林应用：枝条平铺地面，积沙成丘，为优良固沙植物。

大叶黄杨

科属：黄杨科黄杨属
拉丁名：*Buxus megistophylla* H. Lév.

形态特征：常绿灌木。叶革质，窄卵形、卵状椭圆形或披针形，先端渐尖，有时稍钝，基部楔形或宽楔形，上面中脉凸起，被微毛或无毛，侧脉多而密；叶柄长2~3毫米，被微毛。花序短穗状，腋生，具花约10朵；苞片宽卵形，基部被毛；雄花萼片宽卵形或近圆形，无毛，雄蕊长约6毫米，不育雌蕊高约1毫米；雌花萼片卵状椭圆形，长约3毫米，子房长约2毫米，花柱与子房等长或稍长；蒴果近球形。花期3~4月，果期6~7月。

生态习性：喜温暖湿润、阳光充足的环境，稍耐阴、耐寒、抗污染、喜湿润，不宜积水，常生于山地、山谷、河岸或山坡林下。

观赏特点：叶片饱满翠绿，枝条柔韧美观，是理想的观赏植物。

园林应用：可用于装饰花坛、制作绿篱，或者作为盆栽供人们欣赏。

扶芳藤

科属：卫矛科卫矛属
拉丁名：*Euonymus fortunei*（Turcz.）Hand.-Mazz

形态特征：常绿藤本灌木。叶对生，薄革质，广椭圆形或椭圆状卵形以至长椭圆状倒卵形；先端尖或短锐尖，基部阔楔形，边缘具细锯齿，叶柄短；聚伞花序，花白绿色。花期6~7月，果期9~10月。

生态习性：喜温暖、湿润的环境，喜阳光，亦耐阴；对土壤适应性强，酸碱及中性土壤均能正常生长。

观赏特点：夏季黄绿相容，秋冬季，则叶色艳红，又成了一片红海洋，为园林彩化、绿化的优良植物。

园林应用：宜用于掩盖墙面、山石，或攀援在花格之上，形成一个垂直绿色屏障；种植于建筑物的背阴面或密集楼群阳光不能直射处，亦能生长良好，表现出顽强的适应能力。

富贵草

科属：黄杨科富贵草属
拉丁名：*Pachysandra terminalis*

形态特征：匍匐常绿亚灌木。其茎肉质，有分枝；根呈茎状，横卧，上有长须状不定根；叶片菱状倒卵形，薄革质，先端尖叶缘上部有锯齿；顶生穗状花序，花白色；浆果状核果卵形。花期4~6月，果期6~9月。

生态习性：喜温暖、湿润、半阴的环境，不耐寒；宜在肥沃、疏松和排水良好的砂壤土中生长。

观赏特点：四季常绿，花色洁白。

园林应用：可应用于阴湿角落、建筑物背阴面，在公园或庭园可布置于林下或建筑物的背阴处作地被植物。常配置于遮荫较多的树下、游园小径旁、楼房拐角处等进行配景，或成片栽植作为观赏地被植物，也是城市高架桥下绿化、美化的优质选材。

鬼箭锦鸡儿

科属：豆科锦鸡儿属

拉丁名：*Caragana jubata* (Pall.) Poir.

形态特征： 灌木植物。直立或伏地；高达2米，基部多分枝；树皮深褐色、绿灰色或灰褐色。羽状复叶有4~6对小叶；小叶长圆形，先端圆或尖，具刺尖头，基部圆形，绿色，被长柔毛。花梗单生，基部具关节，苞片线形；花萼钟状管形；花冠玫瑰色、淡紫色、粉红色或近白色；子房被长柔毛。荚果密被丝状长柔毛。花期6~7月，果期8~9月。

生态习性： 宜生于耐旱、耐瘠薄的土壤，适生于高寒、湿润的生态环境。通常生于海拔1 200~4 600米的干旱山坡、灌丛、云杉林缘与林下、亚高山草甸、高山山谷草原、河滩。

观赏特点： 形态变化大，有多个变种和变型，不同变种花色不一，主要以白粉色、紫红色、玫瑰色为主。花朵繁茂，花色艳美。

园林应用： 可植于路边、假山岩石旁；根系发达，萌蘖性强，也是绿篱和水土保持的树种。

红刺玫

科属：蔷薇科蔷薇属
拉丁名： *Rosa multiflora* var. *cathayensis* Rehder & E.H.Wilson

形态特征： 落叶灌木。小枝圆柱形，通常无毛，小叶倒卵形、长圆形或卵形，边缘有尖锐单锯齿，上面无毛，下面有柔毛；花多朵，排成圆锥状花序，花直径1.5~2厘米，萼片披针形，花瓣宽倒卵形，先端微凹，基部楔形；花柱结合成束，无毛，比雄蕊稍长。花粉红，化较大，单瓣，平顶伞房花序萼片脱落。果近球形，红褐色或紫褐色，有光泽，无毛，果实较小，少种子或无种子。花期4~6月，果期5月中旬。

生态习性： 喜阳光，不耐荫、耐寒力强，在中国北方大部分地区都能露地越冬。对土壤要求不严，耐干旱、耐水湿、耐瘠薄，在土层深厚、肥沃湿润而又排水良好的土壤中则生长更好。

观赏特点： 虽为单层花瓣，但多花成团排成圆锥状花序，颜色轻柔淡雅，色、香、形俱佳。

园林应用： 被广泛地应用于花架、花廊、围墙、拱门的垂直绿化，是常见的作绿篱、护坡及棚架的绿化材料。

红瑞木

科属：山茱萸科山茱萸属
拉丁名：*Cornus alba* L.

形态特征：落叶灌木。树皮紫红色，幼枝初被短柔毛，后被蜡粉，老枝具圆形皮孔及环形叶痕；叶纸质，对生，椭圆或卵圆形，上面暗绿色，下面粉绿色；花瓣长圆形，花药淡黄色；果实为扁圆球形。花期6~7月，果期8~10月。

生态习性：喜温凉、湿润的气候，喜光，耐半阴、耐寒性强、耐水湿，亦耐干旱和贫瘠；以深厚肥沃、略带湿润的土壤栽培为宜。

观赏特点：秋叶鲜红，秋果洁白，冬季落叶后枝干红艳，衬以白雪，分外美观，是难得的观茎植物。

园林应用：适宜丛植草坪上或与常绿乔木相间种植，更显红绿相映之效果。

胡枝子

科属：豆科胡枝子属
拉丁名：*Lespedeza bicolor* Turcz.

形态特征：落叶灌木。小枝疏被短毛；叶具小叶；叶柄长；小叶草质，卵状长圆形；基部近圆或宽楔形；花为总状花序比叶长，常构成大型、较疏散的圆锥花序；果为荚果斜倒卵形；花冠红紫色。花期7~9月，果期9~10月。

生态习性：耐旱、耐瘠薄，也耐水湿、耐寒性很强，再生能力强，对土壤适应性强，在瘠薄的新开垦地上亦可生长；胡枝子生于山坡、灌丛及杂木林间。

观赏特点：枝叶秀美，开花繁茂，适应性强。

园林应用：适植栽于公园、居住区、游园、道路边坡等处；是防风、固沙及水土保持的植物，为营造防护林及混交林的伴生树种。

互叶醉鱼草

科属： 玄参科醉鱼草属

拉丁名： *Buddleja alternifolia* Maxim.

形态特征： 落叶灌木。叶互生，在花枝上或短枝上的叶很小，椭圆形或倒卵形；花多朵组成簇生状或圆锥状聚伞花序；花芳香；花萼钟状；花冠紫蓝色；葫果椭圆状。花期5~7月，果期7~10月。

生态习性： 丛状生长，分枝能力很强；根系发达，特别是主根向地生长几乎与地上部分相等，自我生存能力强。

观赏特点： 紫红色的花朵井然有序，在苍翠叶片的衬托下，端庄而优雅。

园林应用： 可布置花坛，宜在花径、山石旁丛植或作稀疏林下的地被植物，也可盆栽室内观赏。

花叶锦带

科属：忍冬科锦带花属
拉丁名：*Weigela florida 'Variegata'*

形态特征：落叶灌木。株丛紧密，单叶对生，叶端渐尖，叶缘为白色至黄色或粉红色。聚伞花序生于叶腋及枝端，萼筒绿色，花冠喇叭状，紫红至淡粉色；蒴果柱形。花期4~5月，10月份成熟。

生态习性：喜温暖湿、润光照充足的环境，亦稍耐阴、耐寒、耐旱、耐贫瘠、怕积水，适生温度15~30℃。适应性强，中性、微碱性土壤均可生长。

观赏特点：春、夏、秋三季观叶，初夏赏花。叶黄、绿相间，花初开时呈白色，而后逐渐变为粉红色。

园林应用：可孤植、丛植于庭院、水景处搭配点缀，也可群植于林缘及草坪、花境处，形成壮观的整体景观，同时也是优良的环境保护植物。

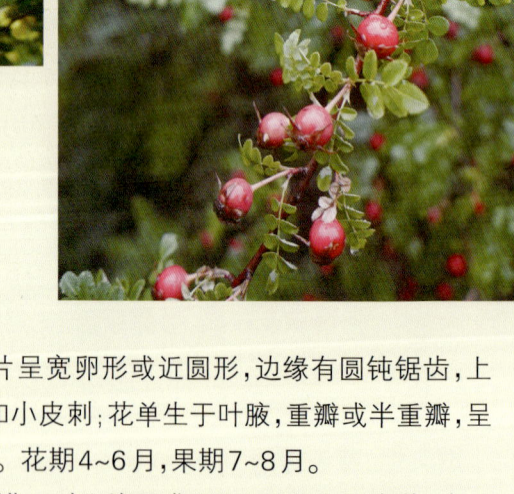

黄刺玫

科属：蔷薇科蔷薇属

拉丁名：*Rosa xanthina* Lindl.

形态特征：落叶灌木。枝粗壮，密集；小叶片呈宽卵形或近圆形，边缘有圆钝锯齿，上面无毛；叶轴、叶柄有稀疏柔毛和小皮刺；花单生于叶腋，重瓣或半重瓣，呈黄色；果实呈近球形或倒卵圆形。花期4~6月，果期7~8月。

生态习性：喜光，稍耐阴、耐寒力强，不耐水涝。对土壤要求不严，耐干旱和瘠薄，在盐碱土中也能生长，以疏松、肥沃土地为佳。根系强大，萌芽力强，少病虫害。常生长在向阳山坡或灌木丛中。

观赏特点：株形清秀，春天盛开一朵朵金黄色的花，与绿叶相衬，显得格外灿烂醒目，是我国北方园林中重要的春季观花灌木。

园林应用：宜丛植于草坪、路边、林缘及建筑物前，亦可列植作为花篱，是北方春末夏初的重要观赏花木。

金露梅

科属： 蔷薇科金露梅属
拉丁名： *Dasiphora fruticosa* (L.) Rydb.

形态特征： 落叶灌木。小枝红褐色，幼时被长柔毛；羽状复叶，上面一对小叶基部下延与叶轴汇合，小叶长圆形、倒卵状长圆形或卵状披针形，全缘，先端急尖或圆钝，基部楔形，宽大；花单生或数朵生于枝顶，花瓣黄色。瘦果近卵圆形。花期6~8月，果期8~9月。

生态习性： 生性强健，耐寒，喜湿润，怕积水；耐干旱，喜光；在遮阴处多生长不良，对土壤要求不严，在砂壤土、素砂土中都能正常生长，喜肥而较耐瘠薄。

观赏特点： 枝叶茂密，黄花鲜艳，花期长。

园林应用： 适宜作公园绿化、庭园观赏灌木，或作矮篱也很美观，也可作城市道路绿化。

金山绣线菊

科属：蔷薇科绣线菊属

拉丁名：*Spiraea japonica* 'Gold Mound'

形态特征：落叶小灌木，株形低矮紧密。春季新叶金黄色；入夏渐成淡绿色或黄绿色；入秋叶变金黄直到深秋，有时部分叶片变为深紫红色；花小，聚成复伞房花序，粉红色；花期5~10月。

生态习性：喜光照、温暖湿润的气候，耐寒、耐旱性较强，在肥沃的土壤中生长旺盛，宜栽植于向阳及排水良好之地。

观赏特点：树形优美，叶色艳丽多变，耐修剪，株型较矮。

园林应用：是优良的彩叶地被，可配置于草坪、路边及林缘，或点缀假山岩石，具有很好的观赏价值。

金叶锦带

科属：忍冬科锦带花属
拉丁名：*Weigela florida* 'Rubidor'

形态特征：落叶灌木。叶长椭圆形，嫩枝淡红色，老枝灰褐色；花鲜红色，繁茂艳丽，整个生长季叶片为金黄色；抗寒性强，聚伞花序生于叶腋或枝顶，花冠漏斗状钟形，夏初开花，花朵密集，花冠胭脂红色，艳丽而醒目。花期4~6月中旬。

生态习性：喜光、抗寒，可耐受-29℃左右低温，亦较耐干旱、耐污染，喜生长在肥沃、湿润、排水良好的土壤。

观赏特点：观叶、观花，叶色金黄，花色优雅。

园林应用：宜植培在公园、居住区、校园、游园等处。亦可孤植于庭院的草坪之中，也可丛植于路旁，也可用来作色块。

金叶连翘

科属：木犀科连翘属

拉丁名：*Forsythia koreana* 'Sun Gold'

形态特征：落叶灌木。枝叶直立或伸长，小枝呈褐黄色；单叶对生，叶片卵圆形或椭圆形，有不规则二裂或三裂，顶端锐尖，基部宽楔形，边缘具锐锯齿；叶片伴随植物的整个生长季节呈金黄色，花黄色，单生或簇生叶腋，先叶开放蒴果；卵形。花期3~4月，果期7~9月。

生态习性：喜温暖、光照充足的环境，抗旱、抗寒性强，耐瘠薄，对土壤要求不严；忌水涝，萌芽力强。

观赏特点：春季花色艳丽，先花后叶，叶呈金黄色，枝条柔软自然下垂，充满生机。

园林应用：可作地被植物成片种植，也可孤植于小空间，尤其是在游园或庭院的小水景临水种植，或是作色块、绿篱、成群栽植及条带种植。

金叶女贞

科属：木樨科女贞属
拉丁名：*Ligustrum×vicaryi* Rehder

形态特征：落叶灌木。叶革薄质，单叶对生，椭圆形或卵状椭圆形，先端尖，基部楔形，全缘；新叶金黄色，因此得名为金叶女贞，老叶黄绿色至绿色；总状花序，花为两性，呈筒状白色小花；核果椭圆形。果期5~6月，花期5~6月。

生态习性：性喜光，耐阴性较差，耐寒力中等，适应性强，以疏松肥沃、通透性良好的砂壤土为最好。

观赏特点：夏季开花，花朵为白色小花，呈团状，有淡香，花形优美，具有极高的观赏性。

园林应用：可作为色叶绿篱，也可丛植，还可与其他树种共同栽种，以满足园林混色的和谐感。通常栽种在城市绿带、公园、游乐园之中。

金叶小檗

科属：小檗科小檗属

拉丁名：*Berberis thunbergii* 'Aurea'

形态特征：落叶灌木。多分枝；叶色金黄亮丽，枝节有锐刺；叶1~5枚簇生，叶倒卵圆形或匙形，先端钝尖或圆形，基部急狭成楔形，全缘，上面绿色，下面淡绿色，常带白色；花2~5朵成簇生状伞形花序，极少单生，黄色。花期6~7月，果期8~9月。

生态习性：适应性强，喜凉爽湿润的环境，耐寒、耐旱、耐半阴，忌积水；对土壤的适应性较广。

观赏特点：幼枝金黄有棱角，叶片全年金黄色，花黄色下垂，红色浆果长椭圆形，尤其是春夏之交更为鲜艳。

园林应用：是城市园林中不可多得的彩叶树种。它可做图案配色的黄色系元素，做成球形点缀于园艺小品中；也可做成各种形状的彩色绿篱、绿带、小盆景及盆栽。

金叶莸

科属：唇形科莸属
拉丁名：*Caryopteris ×clandonensis* 'Worcester Gold'

形态特征：落叶灌木。枝条圆柱形。单叶对生，叶长卵形，叶端尖，基部圆形，边缘有粗齿。叶面光滑，鹅黄色，叶背具银色毛。聚伞花序紧密，花冠蓝紫色，腋生于枝条上部，自下而上开放；花期7~9月。
生态习性：喜光，也耐半阴、耐旱、耐热、耐寒，在-20℃以上的地区能够安全露地越冬。
观赏特点：色感效果好，春夏叶片金黄，秋天蓝花一片，可作为观叶、观花植物。
园林应用：在草坪中，流线型大色块组团，亮丽而抢眼，常常成为绿化效果中的点睛之笔。可作大面积色块及基础栽培，可植于草坪边缘、假山旁、水边、路旁，是一个良好的彩叶树种，是点缀夏秋景色的好材料。

金银忍冬（金银木）

科属： 忍冬科忍冬属

拉丁名： *Lonicera maackii*（Rupr.）Maxim.

形态特征： 落叶灌木。茎干直径较大且挺直；幼枝、花苞、茎叶外面都有细毛；叶子较硬且形状变化较大，通常为椭圆形和卵状披针形，叶子顶端渐尖，基部呈圆形；果实是暗红色的圆形。花期5~6月，果期8~10月。

生态习性： 喜强光、温暖的环境，亦较耐寒，对土壤要求不严，常生于林缘或溪流附近，在中国北方绝大多数地区可露地越冬。

观赏特点： 春末夏初繁花满树，黄白间杂，芳香四溢；秋后红果满枝头，晶莹剔透，鲜艳夺目，挂果期长，经冬不凋，可与瑞雪相辉映。

园林应用： 常将金银木丛植于草坪、山坡、林缘、路边或点缀于建筑周围，适合园林中庭院、水滨、草坪栽培观赏。

金钟花

科属：木樨科连翘属

拉丁名：*Forsythia viridissima* Lindl.

形态特征：落叶灌木，高可达3米。全株除花萼裂片边缘具睫毛外，其余均无毛；枝棕褐色或红棕色，直立，小枝绿色或黄绿色，呈四棱形；叶片长椭圆形至披针形，或倒卵状长椭圆形，上面深绿色，下面淡绿色，两面无毛；花1~3朵着生于叶腋，先于叶开放；果卵形或宽卵形，具皮孔。花期3~4月，果期8~11月。

生态习性：喜光，极耐热、耐旱、耐寒和耐湿，适应性很强。

观赏特点：树形优美，先花后叶，叶色嫩绿，秋季叶变成黄色，颇为美观。

园林应用：多种植于景区的草坪和路边以及树林的边缘；成片种植，黄色的花海特别壮观。

锦带花

科属：忍冬科锦带花属
拉丁名：*Weigela florida*（Bunge）A. DC.

形态特征：落叶灌木。树皮灰色；芽顶短尖，常光滑；叶矩圆形、椭圆形或卵状椭圆形，顶端渐尖，边缘有锯齿，脉上毛较密，具短柄或无柄；花单生或成聚伞花序生于侧生短枝的叶腋或枝顶，花冠紫红色或玫瑰红色；果实顶有短柄状喙。花期4~6月；果期10月。

生态习性：喜光、耐阴、耐寒、耐瘠薄、怕水涝；在深厚、湿润而腐殖质丰富的土壤生长最好。

观赏特点：枝叶茂密，花色艳丽，花期长。

园林应用：常植栽于公园、居住区、游园等处，也适宜庭院墙隅、湖畔群植，还可在树丛林缘作篱芭、丛植配植，更利于点缀于假山、坡地。

蓝叶忍冬

科属：忍冬科忍冬属
拉丁名：*Lonicera korolkowii* Stapf

形态特征：落叶灌木。茎丛生，较粗壮，直立；幼枝中空，皮光滑五毛，常紫红色；老枝皮灰褐色；叶对生，近革质，叶形通常为卵形至卵圆形或近圆形；正面蓝绿色，有光泽，背面灰绿色，较粗糙；花成对生于叶腋，花冠唇形，玫瑰红色；浆果红色。花期5~7月，果熟期8~9月。

生态习性：喜光，耐阴、耐寒、耐土壤贫瘠、耐旱性强、较耐涝，宜在喜湿润肥沃、深厚的土壤中生长。

观赏特点：树形丰满，冠形规整，枝叶繁茂，繁花似锦，叶片幼时鲜绿，老时微泛蓝色，花色粉红艳丽，果实鲜红，花美叶秀。

园林应用：可植于草坪中、水边、庭院等处，也可作为绿篱，还可适于丛植、片植或带植。

李叶绣线菊

科属: 蔷薇科绣线菊属

拉丁名: *Spiraea prunifolia* Sieb. et Zucc.

形态特征: 落叶灌木。小枝细长,叶片卵形至长圆披针形,上面幼时微被短柔毛,老时仅下面有短柔毛,具羽状脉;叶柄被短柔毛;伞形花序无总梗,花3~6朵,花重瓣,白色。花期3~5月。

生态习性: 耐寒、耐旱及耐瘠薄。

观赏特点: 花色艳丽,花朵繁茂,盛开时枝条全部为细巧的花朵所覆盖,形成一条条拱形花带,树上树下一片雪白,十分惹人喜爱。

园林应用: 丛植于山坡、水岸、湖旁、石边、草坪角隅或建筑物前后,起到点缀或映衬作用,构建园林主景。初夏观花,秋季观叶,构筑迷人的四季景观。

连翘

科属：木樨科连翘属
拉丁名：*Forsythia suspensa*（Thunb.）Vahl

形态特征：落叶灌木。枝开展或下垂，棕色或淡黄褐色；叶通常为单叶，叶片呈卵形或椭圆形，先端锐尖，叶缘上面呈深绿色，下面为淡黄绿色；花通常单生或2至数朵着生于叶腋，花萼绿色；果呈卵球形或长椭圆形。花期3~4月，果期7~9月。

生态习性：喜温暖湿润、阳光充足的气候，耐寒力强，耐旱、不耐水湿，对土壤要求不严。

观赏特点：树姿优美、生长旺盛。早春先花后叶，花期长、花量多，盛开时满枝金黄，芬芳四溢，令人赏心悦目。

园林应用：可作为花篱、花丛、花坛等布景选材，常用于在公园、道路、河道边坡及小区的花坛种植或花境种植。

辽东丁香

科属：木犀科丁香属
拉丁名：*Syringa wolfii* Schneid.

形态特征：落叶灌木。枝粗壮，灰色，无毛，当年生枝绿色，二年生枝灰黄色或灰褐色，疏生皮孔；叶片椭圆状长圆形、椭圆状披针形、椭圆形或倒卵状长圆形，上面深绿色，下面淡绿色或粉绿色；圆锥花序直立，花芳香；花冠紫色、淡紫色、紫红色或深红色，漏斗状；果长圆形。花期6月，果期8月。

生态习性：喜光、耐寒，喜湿润、排水良好的土壤生长，尤其适宜在海拔500~1 600米的山坡杂木林中、灌丛中、林缘或河边，或针、阔叶混交林中生长。

观赏特点：花量大而芳香、花色优雅。

园林应用：适用于园林绿化的优良花灌木进行栽培，宜于林缘、路边丛植，也可庭前、窗外孤植，或配置在丁香专类园中。

毛樱桃

科属：蔷薇科李属

拉丁名：*Prunus tomentosa* Thunb.

形态特征：落叶灌木。小枝紫褐色或灰褐色，嫩枝密被茸毛到无毛，叶片卵状椭圆形或倒卵状椭圆形，先端急尖或渐尖，基部楔形，边有急尖或粗锐锯齿，上面暗绿色或深绿色，下面灰绿色；花单生或2朵簇生，花瓣白色或粉红色，倒卵形，先端圆钝；核果近球形，呈红色。花期4~5月，果期6~9月。

生态习性：喜温暖湿润、光照充足的环境，适宜在土层深厚、土质疏松、透气性好、保水力较强的砂土或砾质土中栽培。

观赏特点：树形优美，花朵娇小，果实艳丽。

园林应用：适宜在公园、庭院、绿带丛植、片植或孤植，也可作绿篱，还可与其他花卉、观赏草、小灌木等组合配置，营造出层次丰富、色彩鲜艳、活泼自然的园林景观。

玫瑰

科属：蔷薇科蔷薇属

拉丁名：_Rosa rugosa_ Thunb.

形态特征：落叶灌木，枝干上多数被有皮刺、针刺或刺毛，少见无刺。叶互生；花单生，花瓣5朵，稀4朵，白色、黄色、粉红色至红色；各种复色。花期5~6月，果期8~9月。

生态习性：喜阳光充足，耐寒、耐旱，喜排水良好、疏松肥沃的壤土中生长。

观赏特点：花色彩丰富多样，香气浓郁而持久。

园林应用：宜植培在公园、居住区、游园、庭院以及专类园等处。

蒙古莸

科属：唇形科莸属

拉丁名：*Caryopteris mongholica* Bunge

形态特征：落叶小灌木。常自基部即分枝，嫩枝紫褐色，圆柱形，有毛。叶片厚纸质，线状披针形或线状长圆形，背面密生灰白色绒毛；聚伞花序腋生，花萼钟状，花冠蓝紫色；蒴果椭圆状球形，果瓣具翅。花果期8~10月。

生态习性：喜光，极耐旱、耐寒、耐砂埋，萌蘖性强，对土壤要求不严，其在疏松渗透性良好的砂壤土中生长最佳。冬季能承受-35℃的低温，夏季能承受40℃高温。

观赏特点：花蓝紫色，优雅别致。

园林应用：宜种栽于街区道旁、公园、居住区、游园等处；亦可作绿篱、花境、雕像的背景或组字构成图案，其观赏效果更佳。

牡丹

科属： 芍药科芍药属

拉丁名： *Paeonia×suffruticosa* Andr.

形态特征： 落叶灌木。分枝短而粗；叶通常为二回三出复叶，表面绿色，背面淡绿色，有时具白粉无毛，叶柄长；花单生枝顶，花瓣5或为重瓣，玫瑰色、红紫色、粉红色至白色，变异很大。蓇葖长圆形，密生黄褐色硬毛。花期4~5月；果期8~9月。

生态习性： 喜温暖、凉爽、干燥、阳光充足的环境。喜阳光，也耐半阴、耐寒、耐干旱、耐弱碱，忌积水，怕热，怕烈日直射。

观赏特点： 色、姿、香、韵俱佳，花大色艳，花姿绰约，韵压群芳。

园林应用： 宜植种于公园、居住区、街头绿地、机关、学校、庭院、寺庙、古典园林等处。

宁夏枸杞

科属：茄科枸杞属
拉丁名：*Lycium barbarum* L.

形态特征：落叶灌木。分枝细密，茎上可着生不生叶的短辣刺；叶互生，全缘，披针形、长椭圆披针形，基部楔形，下延成叶柄；花在长枝上着生于叶腋，短枝上同叶片簇生；花萼钟状，花冠漏斗状，紫色至淡紫色；浆果红色，果皮肉质多汁，可为广椭圆形、矩圆形、卵状或球状，顶端有尖头或平截，有时稍凹陷，干果基部有白色的果柄痕，表面有不规则皱纹，果皮肉质，柔润而有黏性。花果期5~10月。

生态习性：适应性强，耐盐、耐寒、耐旱，喜盐渍化的砂质壤土，在光照充足、昼夜温差大、干旱的环境中生长旺盛。

观赏特点：花瓣深紫色，果完全成熟呈深红色，密如珍珠倒悬、玛瑙成串，清秀别致。

园林应用：适宜作庭院主景或配景植物，具有良好的观花、观果效果。可孤植、列植、丛植或群植，常在园路两边对称栽植。

柠条锦鸡儿

科属：豆科锦鸡儿属

拉丁名：*Caragana korshinskii* Kom.

形态特征：落叶灌木；老枝金黄色，有光泽；嫩枝被白色柔毛。羽状复叶有6~8对小叶；小叶披针形或狭长圆形，先端锐尖或稍钝，有刺尖，灰绿色；花萼管状钟形，萼齿三角形或披针状三角形；花冠旗瓣宽卵形或近圆形；荚果扁，披针形。花期5月，果期6月。

生态习性：喜光，适应性很强，既耐寒又抗高温，极耐干旱、不耐涝。

观赏特点：叶色鲜绿，株形优美，开花时满树金黄，花色艳丽。

园林应用：是重要的水土保持和防风固沙的植物。

牛奶子

科属： 胡颓子科胡颓子属
拉丁名： *Elaeagnus umbellata* Thunb.

形态特征： 落叶灌木。枝具刺，小枝开展，幼时密被银白色及黄褐色鳞片；叶纸质或膜质，呈椭圆形至卵状椭圆形或倒卵状披针形，先端纯尖，基部圆或楔形，上面幼时具白色星状毛或鳞片，下面密被银白色和少量褐色鳞片；花较叶先开放，黄白色，芳香，密被银白色盾形鳞片；果实呈近球形或卵圆形，幼时绿色，被银白色或褐色鳞片，成熟时呈红色。花期4~5月，果期7~8月。

生态习性： 耐寒性强、略耐阴、喜光，喜湿润肥沃、排水良好的土壤中生长。

观赏特点： 枝繁叶茂，花色艳丽，具银白色而有闪光性，花芳香，入秋红果累累悬挂枝头，极富观赏性。

园林应用： 适种植于公园、居住区，游园等处。即可配植于花丛或林缘，又能得较好的景观效果，也可作为绿篱。

平枝栒子

科属：蔷薇科栒子属
拉丁名：*Cotoneaster horizontalis* Decne.

形态特征：落叶或半常绿匍匐灌木。枝水平开张成整齐二列状；叶近圆形或宽椭圆形，稀倒卵形，上面无毛，下面有疏平贴柔毛；花粉红色；花萼具疏柔毛，萼筒钟状；花瓣直立，倒卵形；果实近球形，成熟时鲜红色。花期5~6月，果期9~10月。

生态习性：喜光，稍耐阴、耐寒、耐干旱瘠薄，不耐水湿。

观赏特点：花粉红色，果实鲜红色，深秋叶色变红。

园林应用：是集观花、果、叶于一体的优良园林植物，也是布置岩石园、斜坡的优质材料，还可作基础种植或制作盆景。

千头柏

科属：柏科侧柏属

拉丁名：*Platycladus orientalis* 'Sieboldii' Dallimore and Jackson

形态特征：常绿丛生灌木。皮呈浅灰褐色，生鳞叶的小枝细，向上直展或斜展；雄球花黄色，雌球花近球形；球果近卵圆形；中间两对种鳞倒卵形或椭圆形。花期3~4月，球果10月成熟。

生态习性：喜阳光，耐寒、耐旱，适宜在中性或偏酸性土壤中栽植。

观赏特点：枝条密集，分枝角度小，不需修剪，自然形成卵园或椭园形树冠。树形优美，树冠丰满。

园林应用：可植于门庭、纪念性建筑周围，也可孤植、丛植于花坛中，或列植成绿篱，还可作厂矿区绿化。

巧玲花

科属：木樨科丁香属
拉丁名：*Syringa pubescens* Turcz.

形态特征：落叶灌木。小枝四棱形，疏生皮孔；叶卵形，叶缘具睫毛，叶柄细弱；圆锥花序直立，花序轴、花梗、花萼略带紫红色；花冠紫或淡紫色，后近白色；果长椭圆形，皮孔明显。花期5~6月，果期6~8月。

生态习性：喜阳、耐旱、较耐寒、耐瘠薄。

观赏特点：植株丰满秀丽，枝叶茂密，花叶秀美，芳香宜人。

园林应用：可植于建筑物的南向窗前，开花时，清香入室，沁人肺腑。具独特的芳香，广泛栽植于庭园、机关、厂矿、居民区等地；常丛植于建筑前、茶室和凉亭周围；散植于园路两旁、草坪之中；与其他种类丁香配植成专类园。

花棒

科属：豆科羊柴属
拉丁名：*Corethrodendron scoparium*（Fisch. & C. A.）Fisch. & Basiner

形态特征：落叶灌木。茎直立，多分枝，叶片灰绿色，线状长圆形或狭披针形，表面被短柔毛或无毛，背面被较密的长柔毛；总状花序腋生，花少数，花萼钟状，花冠紫红色，荚果节荚宽卵形。花期6~9月，果期8~10月。

生态习性：抗逆性强，耐寒、耐干旱，抗盐碱，耐风蚀和沙埋，根系发达，是优良固沙植物。

观赏特点：花色艳丽，颇具观赏性。

园林应用：宜植种于公园、道路边坡等处。

沙地柏

科属：柏科刺柏属

拉丁名：*Juniperus sabina* L.

形态特征：常绿灌木。枝斜上伸展，皮灰褐色，一年生枝的分枝皆为圆柱形；叶二型；花雌雄异株，雄球花椭圆形或矩圆形，雌球花曲垂或初期直立而随后俯垂；球果生于向下弯曲的小枝顶端，熟时褐色至紫蓝色或黑色。花期5月，果期10月。

生态习性：喜光，稍耐阴、耐干旱、耐寒。

观赏特点：四季常青，树形美观。

园林应用：适栽植于庭院、公园、道路绿化等处，能增加景观的层次感和美观度，也可丛植于窗下、门旁，极具点缀效果。

沙冬青

科属：豆科沙冬青属

拉丁名：*Ammopiptanthus mongolicus* （Maxim. ex Kom.）S. H. Cheng

形态特征：常绿灌木。树皮黄绿色，小叶偶为单叶；叶柄密被灰白色短柔毛，三角形或三角状披针形，花互生，花冠黄色；荚果扁平，线形。花期4~5月，果期5~6月。

生态习性：抗旱性、抗热性强，耐寒、耐盐、耐贫瘠，保水性强，在极度缺水的状况下仍能正常生长。

观赏特点：叶片灰绿色，花朵艳丽，色泽金黄。

园林应用：适种植于公园、居住区及游园等处，可作绿篱，是优良的园林绿化灌木。

山梅花

科属：绣球科山梅花属
拉丁名：*Philadelphus incanus* Koehne

形态特征：落叶灌木。二年生小枝灰褐色，表皮呈片状脱落，当年生小枝浅褐色或紫红色；叶卵形或阔卵形，花枝上叶较小，卵形、椭圆形至卵状披针形；总状花序，花瓣白色，蒴果倒卵形。花期5~6月，果期7~8月。

生态习性：适应性强，喜光、喜温暖、耐寒、耐热，怕水涝，对土壤要求不严。

观赏特点：花芳香、美丽、多朵聚焦，花期较久。

园林应用：宜栽植于庭园、风景区，亦可作切花材料，还宜丛植、片植于草坪、山坡、林缘地带，若与建筑、山石等配植效果也合适。

栓翅卫矛

科属：卫矛科卫矛属

拉丁名：_Euonymus phellomanus_ Loes. ex Diels

形态特征：落叶灌木。枝条硬直，常具4纵列木栓厚翅；叶长椭圆形或略呈椭圆倒披针形；聚伞花序2~3次分枝，有花7~15朵；种子椭圆状，假种皮橘红色。花期7月，果期9~10月。

生态习性：喜光，耐阴、耐热、耐寒，对土壤要求不严，耐瘠薄土壤、较耐盐碱。

观赏特点：观花、观果、观枝树种，树姿优美，形态独特；入秋后，秋叶一片火红，是典型的秋色叶类，近倒心形的蒴果粉红色，开裂后，恰似朵朵盛开的小红花，非常美丽。

园林应用：是城市园林绿化、美化"四观"的树种，可在城市广场、公园、机关、学校、部队、厂（场）矿、居民小区等地栽植，亦和其他树种配置栽植于道路、草坪、墙垣及假山石旁。

水栒子

科属：蔷薇科栒子属
拉丁名：*Cotoneaster multiflorus* Bunge

形态特征：落叶灌木。叶卵形或宽卵形，先端尖或钝圆，基部宽楔形或圆，萼筒钟状；花瓣平展，近圆形；果近球形或倒卵圆形，成熟时为红色；花期5~6月；果期8~9月。

生态习性：耐寒，喜光而稍耐阴，耐修剪，对土壤要求不严，极耐干旱和瘠薄，在肥沃且通透性好的砂壤土中生长最好。不耐水淹，不宜种于低洼处，在高大树木下部或其他稍有荫蔽的地方也能正常生长。

观赏特点：树形优美、枝条婀娜，花色洁白、果实红艳，是优美的观花、观果树种。

园林应用：宜植于公园、居住区，游园等处。也适宜丛植、片植在林缘、草坪边缘、园路转角、岩石园等处观赏，还可将其修剪成绿篱使用；生命力较强，适应性较广，是保护堤岸的良好树种。

卫矛

科属：卫矛科卫矛属
拉丁名： *Euonymus alatus*（Thunb.）Siebold

形态特征： 落叶灌木，高达3米。树皮光滑，为灰白色；叶对生，纸质，卵状椭圆形或窄长椭圆形，稀倒卵形；聚伞花序，呈白绿色，花瓣近圆形；蒴果。花期5~6，果期7~10月。

生态习性： 喜光，稍耐阴，对气候和土壤具有较强的适应性，耐旱、耐瘠薄、耐寒。

观赏特点： 其早春嫩叶红色，夏季叶片绿色，秋叶红艳耀目，果开裂呈红色，为著名的观赏植物。

园林应用： 适种栽于公园、居住区、厂矿等处，亦可孤植或丛植于草坪、斜坡、水边，或于山石间、亭廊边，还可作为绿篱、盆栽及制作盆景的好材料。

猬实

科属： 忍冬科猬实属

拉丁名： *Kolkwitzia amabilis* Graebn.

形态特征： 落叶灌木。幼枝红褐色，老枝茎皮剥落；叶椭圆形或卵状椭圆形，稀有浅齿，苞片披针形，果密顶端角状。花期5~6月，果熟期8~9月。

生态习性： 喜干燥、阳光充足的环境，适应寒冷、炎热、多雨的气候，喜深厚、肥沃、排水良好的土壤中生长。

观赏特点： 茎干直立，姿态独特，花美丽。

园林应用： 适用于列植或丛植在园林的山石旁、草坪、园路交叉口等地观赏，也适于盆栽或作切花欣赏，是一种具有较高观赏价值的灌木。

香荚蒾

科属： 荚蒾科荚蒾属
拉丁名： *Viburnum farreri* Stearn

形态特征： 落叶灌木。叶片纸质，顶端锐尖，基部楔形至宽楔形，边缘基部除外具三角形锯齿；圆锥花序生于能生幼叶的短枝之顶，有多数花，花先叶开放，芳香；花冠蕾时粉红色，开后变白色；果实紫红色。花期4~5月，果期9~10月。
生态习性： 喜光，喜湿润、肥沃、疏松土壤，萌蘖能力强；耐寒、耐半阴、耐修剪，适应性强，抗性强。
观赏特点： 树姿优美，花色艳丽，芳香浓郁，观赏价值高，是优良的早春观花灌木。
园林应用： 适宜栽植于公园、学校、居住区等处，可布置庭院、林缘，也可孤植、丛植于草坪边、林荫下、建筑物前。其耐半阴，可栽植于建筑物的东西两侧或北面，丰富耐荫树种的种类。

小叶黄杨

科属：黄杨科黄杨属
拉丁名：*Buxus sinica* var. *parvifolia* M. Cheng

形态特征：常绿灌木或小乔木植物。枝条密集，枝圆柱形，有纵棱，灰白色；小枝四棱形；叶薄革质，阔椭圆形或阔卵形；花序腋生，头状，花密集，蒴果近球形。花期3月，果期5~6月。

生态习性：喜温暖、半阴、湿润的气候，耐旱、耐寒、喜肥沃湿润的土壤中生长，忌酸性土壤，抗逆性强。

观赏特点：枝叶茂密，叶光亮、常青。

园林应用：常绿树种，且抗污染，特别适合车辆流量较高的公路旁栽植绿化，绿绿葱葱，煞是好看。可作室内盆栽，特需时可放置在会台中两侧，营造庄重、典雅的氛围。

小叶锦鸡儿

科属：豆科锦鸡儿属

拉丁名：*Caragana microphylla* Lam.

形态特征：落叶灌木。老枝深灰色或黑绿色，嫩枝被毛；羽状复叶有5~10对小叶；小叶倒卵形或倒卵状长圆形，花萼管状钟形，花冠黄色。荚果圆筒形。花期5~6月，果期7~8月。

生态习性：喜光，在荫蔽条件下生长不良。耐寒性强，耐高温，怕曝晒，耐干旱瘠薄，对土壤适应性特别强。

观赏特点：株型优美，花色艳丽。

园林应用：可用作园林绿化的树种，是良好的防风固沙和水土保持灌木。

新疆忍冬

科属：忍冬科忍冬属

拉丁名：*Lonicera tatarica* L.

形态特征：落叶灌木。叶纸质,叶片卵形或卵状矩圆形,有时矩圆形,两侧常稍不对称,边缘有短糙毛;花冠粉红色或白色,果实红色,圆形。花期5~6月,果期7~8月。

生态习性：适应性很强,喜阳、耐阴、耐寒,也耐干旱。

观赏特点：枝干苍劲,形态优美,枝叶繁茂,花香果艳,花期较长。

园林应用：适植种于公园、厂矿、居住区等处。植于庭园观赏,或用来点缀草坪、岩石及假山,配植于庭中堂前,墙下窗前,也极相宜。

银露梅

科属：蔷薇科金露梅属

拉丁名：*Dasiphora glabra*（G. Lodd.）Soják

形态特征：落叶灌木。树皮纵向剥落。小枝红褐色，羽状复叶，叶柄被绢毛或疏柔毛；小叶片长圆形、倒卵长圆形或卵状披针形，两面绿色，单花或数朵生于枝顶，花瓣白色，瘦果褐棕色近卵形，花果期6~11。

生态习性：喜光，耐寒，对土壤要求不严，但喜湿润环境，生于水边、林缘、草地及高山灌丛中。

观赏特点：枝叶繁盛，花白如雪，花期长，秀丽动人，著名观花树种。

园林应用：适作为草坪、林缘、路边及假山岩石间配植，可作花坛、花境或花篱。

羽叶丁香

科属：木樨科丁香属

拉丁名：*Syringa pinnatifolia* Hemsley

形态特征：直立灌木。树皮呈片状剥裂；枝灰棕褐色；叶为羽状复叶，小叶片对生或近对生，卵状披针形、卵状长椭圆形至卵形；圆锥花序由侧芽抽生，花冠白色、淡红色，略带淡紫色，花冠管略呈漏斗状；果长圆形。花期5~6月，果期8~9月。

生态习性：稍耐阴、耐寒、耐旱，适宜在微酸性至微碱性土壤种植，繁殖方法一般为播种繁殖。

观赏特点：花繁色艳，叶形奇特。

园林应用：可丛植于公园、庭院、建筑物旁，是城市绿化的优良树种。

月季花

科属：蔷薇科蔷薇属
拉丁名：*Rosa chinensis* Jacq.

形态特征：常绿或半常绿灌木。叶子为羽状复叶，表面深绿有光泽而叶背青白，且无毛面具有小托叶；花分单瓣和重瓣，重瓣色为深红且略似玫瑰；花色以红色为主，其他有白、黄、粉红、玫瑰红等。果卵圆形或梨形，熟时红色。花期4~9月，果期6~10月。

生态习性：适应性强，耐寒、耐旱，对土壤要求不严格，但以富含有机质、排水良好的微带酸性砂壤土最好。喜欢阳光充足，温暖湿润的气候。

观赏特点：花色丰富，花期长，观赏价值高。

园林应用：宜植于公园、居住区、学校、游园等处，亦可用于园林布置花坛、花境、庭院，还可制作月季盆景、切花、花篮、花束等用途，美花环境具有更加独特的效果。

珍珠梅

科属：蔷薇科珍珠梅属

拉丁名：*Sorbaria sorbifolia* (L.) A. Braun

形态特征：落叶灌木。羽状复叶，小叶披针形或卵状披针形；花顶生密集圆锥花序短柔毛，花瓣白色长圆形或倒卵形；蓇葖果长圆形果柄直立；花期7~8月，果期9月。

生态习性：喜光、耐阴、耐寒、不耐旱涝，适宜肥沃湿润排水好的沙质土壤。

观赏特点：株丛丰满、白花清雅，花期长。其花序为切花的优良材料，也可瓶插观赏。

园林应用：宜栽于公园、居住区、校园、游园等处。亦适宜在各类园林绿地、草坪边缘、路边、池边和庭院一角栽培观赏，还可孤植，列植，丛植效果甚佳。

紫斑牡丹

科属： 芍药科芍药属

拉丁名： *Paeonia rockii*（S. G. Haw & Lauener）T. Hong & J. J. Li

形态特征： 落叶灌木。分枝短而粗；叶为二至三回羽状复叶，小叶不分裂；花单生枝顶，花瓣内面基部具深紫色斑块，倒卵形，顶端呈不规则的波状；花盘革质，杯状，紫红色；蓇葖果长圆形，密生黄褐色硬毛。

生态习性： 喜光、抗寒、抗旱性强，忌水涝，对土壤要求不高，抗盐碱。花期4月下旬~5月中旬，果期6月。

观赏特点： 植株高大，花香味浓郁。

园林应用： 适宜植培在公园、居住区、校园、机关单位等处。

紫叶锦带

科属：忍冬科锦带花属
拉丁名：*Weigela florida* 'Purpurea'

形态特征：落叶灌木。叶长椭圆形,叶带紫晕嫩枝淡红色,老枝灰褐色;整个生长季叶片为紫红色,枝条开展成拱形;聚伞花序生于叶腋或枝顶,花冠漏斗状钟形,夏初开花,花朵密集,紫粉色。花期4~10月,以4月为盛。

生态习性：喜光、抗寒、抗旱,管理比较粗放,也较耐阴,喜肥沃湿润、排水良好的土壤中生长,抗寒性强,可耐受-20℃左右低温,也较耐受干旱、耐受污染。

观赏特点：枝叶茂密,紫叶衬红花,非常俏丽,花期长。

园林应用：适宜种植于公园、居住区、校园等处;也适宜庭院墙隅、湖畔群植,还可作树丛、林缘的花篱及丛植配植,点缀于假山、坡地。

紫叶小檗

科属：小檗科小檗属

拉丁名：*Berberis thunbergii 'Atropurpurea'*

形态特征：落叶灌木。幼枝淡红带绿色，老枝暗红色具条棱；叶菱状卵形，先端钝，基部下延成短柄，全缘，具细乳突；花被黄色，小苞片带红色；浆果红色，椭圆体形。花期4~6月，果期7~10月。

生态习性：喜冷凉、湿润及阳光充足的环境，耐寒、耐瘠、不耐热、不耐湿涝。

观赏特点：春季开黄花。入秋则叶色变红紫，果熟后红艳美丽。良好的观叶、观果植物。

园林应用：可作花篱或在园路角隅丛植，点缀于池畔、岩石间；也可用作大型花坛镶边或剪成球形对称状配植；还适宜坡地成片种植，与常绿树种作块面色彩布置用来布置花坛、花境，是园林绿化中色块组合的重要树种。

草本

矮蒲苇

科属：禾本科蒲苇属
拉丁名：*Cortaderia selloana* 'Pumila'

形态特征：多年生草本。叶多聚生于基部，长而狭，边有细齿，呈灰绿色；圆锥花序大，羽毛状，银白色；茎丛生，雌雄异株；圆锥花序大，雌花穗银白色，小穗由2~3花组成。花期9~10月。
生态习性：喜光、耐寒，喜温暖、阳光充足及湿润气候，排水良好土壤的最利于生长。
观赏特点：株形优雅，花序长而美丽，具有优良的生态适应性和观赏价值。
园林应用：可片种植于滨水绿化用作地被；或沿城市道路、成片种植，造出后显现有特色的景观；适合庭院栽培，丛植于岸边、石旁或配置花境。

八宝景天

科属: 景天科八宝属

拉丁名: *Hylotelephium spectabile* (Boreau) H. Ohba

形态特征: 多年生草本。茎直立,叶对生,或3叶轮生,卵形至宽卵形,或长圆状卵形,先端急尖,基部渐狭,全缘或多少有波状牙齿;花序大形,伞房状,顶生;花密生;花瓣5片,淡紫红色至紫红色;蓇葖果直立。花期8~9月,果期9~10月。

生态习性: 喜光,耐寒、耐半阴、耐旱,土壤要求排水良好宜于生长为最佳。

观赏特点: 株形美观,叶色碧绿,花色鲜艳,是良好的观叶、观花地被植物。

园林应用: 宜于在公园绿地,居住区、岩石园等处种植。亦是布置花坛、花境和点缀草坪的好材料,还可片植于疏林下作地被用。

白车轴草

科属：豆科车轴草属

拉丁名：*Trifolium repens* L.

形态特征：多年生草本植物。茎贴地匍匐；叶柄直立，小叶心形，边缘具细齿，叶脉明显，小叶叶柄极短；托叶椭圆形，顶端尖抱茎；头状花序，总花梗长于叶柄；花白色或淡红色；荚果倒卵状。花期5~7月，果期6~8月。

生态习性：喜温暖湿润的气候，不耐干旱和长期积水。喜欢黏土耐酸性的土壤，也可在砂质土中生长。

观赏特点：叶色花色美观，绿色期较长。

园林应用：宜于在公园、高尔夫球场等绿化草坪的建植；是优良的绿化观赏草坪种，既可成片种植，又可与乔木、灌木混搭成层次分明的复合景观。与其他暖季型草坪混合栽培，亦可起到延长绿色期的效果。

白花草木樨

科属： 豆科草木樨属
拉丁名： *Melilotus albus* Desr.

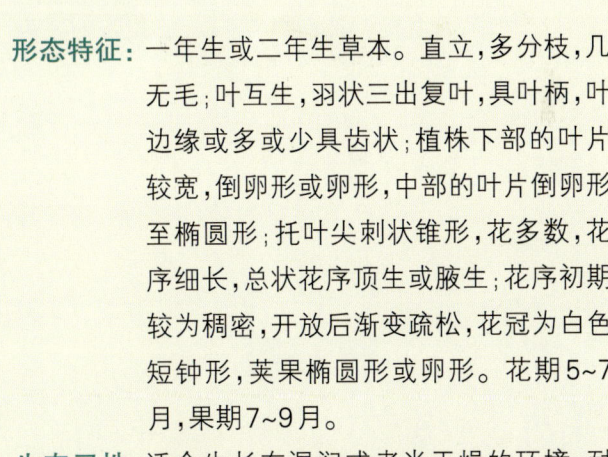

形态特征： 一年生或二年生草本。直立，多分枝，几无毛；叶互生，羽状三出复叶，具叶柄，叶边缘或多或少具齿状；植株下部的叶片较宽，倒卵形或卵形，中部的叶片倒卵形至椭圆形；托叶尖刺状锥形，花多数，花序细长，总状花序顶生或腋生；花序初期较为稠密，开放后渐变疏松，花冠为白色短钟形，荚果椭圆形或卵形。花期5~7月，果期7~9月。

生态习性： 适合生长在湿润或者半干燥的环境，耐旱、耐寒、耐盐碱、耐贫瘠，对土壤要求不严，宜在肥沃、排水良好的黏土中生长为良。

观赏特点： 小白花优雅别致。

园林应用： 宜在疏林下、路边、沟边等处种植。

百合

科属：百合科百合属

拉丁名：*Lilium brownii* var. *viridulum* Baker

形态特征：多年生球根花卉。地下根茎为鳞茎球状；茎有紫色条纹；叶散生，上部叶常比中部叶小，倒披针形，叶缘平整，具有较短的叶柄；花为喇叭形，有香味，多为白色，背面带紫褐色，顶端弯而不卷；蒴果矩圆形。花期5~6月，果期9~10月。

生态习性：喜凉爽、湿润的半阴环境，较耐寒冷；不喜高温，怕水涝。

观赏特点：花姿雅致，叶片青翠娟秀，茎亭亭玉立。

园林应用：宜植于公园、居住区等处，是花境、花坛等常用的材料。

薄荷

科属：唇形科薄荷属

拉丁名：*Mentha canadensis* L.

形态特征：多年生草本。茎直立；叶片长圆状披针形、披针形、椭圆形或卵状披针形，边缘生牙齿状锯齿；轮伞花序腋生，花萼管状钟形，花冠淡紫，花盘平顶；小坚果卵珠形，黄褐色。花期7~9月，果期10月。

生态习性：喜阳，略耐阴，对土壤要求不高。

观赏特点：叶翠绿且发散特殊香味，花淡紫色，清新雅致。

园林应用：可用于花坛、盆栽和花境的设计，增添绿色植物的魅力和观赏性；亦适宜栽植在天然花园中或栽种于林下、水边，还可作为丛植或行植在水池、溪旁的背景材料。

补血草

科属：白花丹科补血草属

拉丁名：*Limonium sinense*（Girard）Kuntze

形态特征：多年生草本。茎基粗，呈多头状；叶基生，叶柄宽，叶倒卵状长圆形、长圆状披针形或披针形，基部渐窄；花萼漏斗状，花冠黄色；花茎生于叶丛，花序伞房状或圆锥状；花期北方7~11月，在南方4~12月。

生态习性：喜光、耐旱、耐寒，叶面遇霜，仍可继续开花；忌夏季高温高湿，喜在肥沃、排水良好的砂质土中生长。

观赏特点：花朵细小，色彩淡雅，观赏时期长。

园林应用：宜在公园、花坛、花境等处植种，还可制成自然干花。

常夏石竹

科属：石竹科石竹属
拉丁名：*Dianthus plumarius* L.

形态特征：多年生草本。其茎丛生，被白粉；叶线形，先端急尖，边缘粗糙或有细锯齿，叶上面中脉明显；花2~4朵成聚伞花序状，顶生，芳香。花瓣具蔷薇色、淡红色，有环纹或花心紫黑色。花期5~7月。

生态习性：喜温凉及阳光充足的环境，耐寒、不耐暑热，适温15~24℃，常生长于疏松、排水良好的土壤中。

观赏特点：花量大，色彩艳丽。

园林应用：宜种植于庭院、园路边、墙垣边、岩石园等处，或植于花境、花坛等地，也可作地被植物。

翠菊

科属：菊科翠菊属

拉丁名：*Callistephus chinensis* (L.) Nees

形态特征：一年生或二年生草本。茎直立，单生，有纵棱，被白色糙毛；中部茎叶卵形、菱状卵形或匙形或近圆形；头状花序单生于茎枝顶端；花冠黄色；瘦果长椭圆状倒披针形。花果期5~10月。

生态习性：喜阳光、喜湿润、不耐涝，高温高湿易受病虫危害；耐热力、耐寒力均较差。

观赏特点：花色丰富，鲜艳美丽，具有极高的观赏价值。

园林应用：适宜种植于公园、居住区、植物园、花园、庭院及各种休闲场所。

大滨菊

科属： 菊科滨菊属

拉丁名： *Leucanthemum maximum*（Ramood）DC.

形态特征： 二年生或多年生草本。茎直立，被长毛；叶片互生，长倒披针形，先端钝圆，基部渐狭；头状花序，单生枝端，舌状花白色，总苞片宽长圆形，先端钝。花果期7~9月。

生态习性： 喜温暖湿润、阳光充足的环境，耐寒性较强、耐半阴，不择土壤，园田土、砂壤土、微碱或微酸性土中均能生长。

观赏特点： 株丛紧凑，花洁白素雅。

园林应用： 适宜花境前景或中景栽植，林缘或坡地片植，庭园或岩石园点缀栽植，亦可盆栽观赏或作鲜切花使用。是城镇绿化、美化环境的植物。

大花金鸡菊

科属：菊科金鸡菊属

拉丁名：*Coreopsis grandiflora* Hogg ex Sweet

形态特征：多年生草本。其茎无色，上部有分枝；茎基部叶成对簇生，叶匙形或线状倒披针形；头状花序单生茎端，舌状花黄色，舌片倒卵形或楔形；瘦果宽椭圆形边缘翅较厚有小瘤突。花期5~9月，果期10~11月。

生态习性：耐旱、耐寒、耐热，适宜生长在肥沃、湿润、排水良好的砂壤土中。

观赏特点：花大艳丽，花开时一片金黄，在绿叶的衬托下，犹如金鸡独立，绚丽夺目。

园林应用：适宜植种于公园、路边、花境、庭院、街心花园等处。

大花萱草

科属：阿福花科萱草属

拉丁名：*Hemerocallis hybrida* Hort.

形态特征：多年生根草本。叶柔软,带状,上部下弯,花葶与叶近等长或高于叶,顶端聚生2~6朵花,苞片宽卵形,先端长渐尖至尾状,花近簇生,花被黄、紫、红等颜色,蒴果椭圆形。花果期5~10月。

生态习性：性强健,喜光照、喜温暖湿润的气候,耐寒、耐旱、耐贫瘠、耐积水、耐半阴,对土壤要求不严,适应能力强,土地地缘或山坡均可栽培。

观赏特点：品种繁多,花期长,花型多样,花色丰富。

园林应用：宜种植在公园、居住区、校园、机关单位等处。是园林绿化中的优质材料,亦可用在花坛、花境、路缘、草坪、树林、草坡等处营造自然景观。

大火草

科属： 毛茛科银莲花属

拉丁名： *Anemone tomentosa*（Maxim.）C. P'ei

形态特征： 多年生草本。叶具长柄，三出复叶；小叶卵形或三角状卵形，基部浅心形，具不规则小裂片及小齿，下面密被绒毛；花葶与叶柄均被绒毛；聚伞花序；花淡粉红或白色；瘦果。花期7~10月，果期8~11月。

生态习性： 喜阳光、耐旱、耐寒，对土壤要求不严。

观赏特点： 花期长，花色艳丽，果实的颜色、形状都具观赏价值。

园林应用： 可植于公园、居住区、校园等处；亦适于林缘、草坡、草坪上大面积种植；还可用于布置花境。

大丽花

科属：菊科大丽花属

拉丁名：*Dahlia pinnata* Cav.

形态特征：多年生草本。茎直立，多分枝，粗壮；叶回羽状全裂，裂片卵形或长圆状卵形，下面灰绿色；头状花序大，有长花序梗，常下垂；总苞片卵状椭圆形；舌状花，白色、红色，或紫色；瘦果长圆形。花期6~12月，果期9~10月。

生态习性：喜阳光，耐半阴，忌旱、忌涝，喜生长在疏松肥沃、排水好的土壤。

观赏特点：花色丰富，色彩瑰丽，花朵优美而闻名。

园林应用：适宜在花坛、花径或庭前丛植，矮生品种可作盆栽。

德国鸢尾

科属：鸢尾科鸢尾属
拉丁名：*Iris germanica* L.

形态特征：多年生草本。根状茎粗壮,扁圆形,环纹;叶绿色或灰绿色,具白粉;花苞片草质,绿色,有时稍带红紫色,包花鲜艳;蒴果三棱状圆柱形。花期4~5月,果期6~8月。

生态习性：喜阳光充足、气候凉爽的环境,耐寒力强,亦耐半阴。

观赏特点：叶丛美观,色彩幽雅,花大色艳,有深紫、纯白、桃红、淡紫等颜色,是极好的观花地被植物。

园林应用：可用于花坛、花境布置,亦可盆栽观赏,还是重要的切花材料。其非常适合于中国北方干旱城市的道路绿化和街心花园、公园、广场、庭院等地的绿化美化。

地肤

科属：苋科沙冰藜属
拉丁名：*Bassia scoparia*（L.）A. J. Scott

形态特征：一年生草本。其茎直立，圆柱状，淡绿色或带紫红色；叶为扁面叶，披针形或条状披针形；花两性或雌性，疏穗状圆锥状花序；淡绿色，花被裂片近三角形。花期6~9月，果期7~10月。

生态习性：喜温、喜光、耐干旱、不耐寒，适应性较强，对土壤要求不严，较耐碱性土壤，肥沃疏松、含腐殖质多的土壤更利于地肤旺盛的生长。

观赏特点：枝叶秀丽，叶形纤细，株形优美，入秋泛红，观赏效果极佳。

园林应用：适用于布置花篱、花境，或数株丛植于花坛中央，可修剪成各种几何造型衬景进行布置。

飞燕草

科属：毛茛科飞燕草属
拉丁名：*Consolida ajacis* (L.) Schur

形态特征：一年生草本。叶片卵形，掌状细裂；总状花序顶生或分生枝顶端；花两性，两侧对称；蓇葖果长，密被短柔毛。花期为6~9月；果期7~10月。

生态习性：喜通风良好、阳光充足、高温干燥的环境，较耐寒、耐旱；怕积水和雨涝，在深厚、肥沃、富含有机质、排水良好的砂质土壤中生长最旺盛。

观赏特点：植株挺拔，叶片纤细，花型别致，花序长且色彩鲜艳。

园林应用：宜可用于布置花带和花境，可植于水边、林缘，也可制作切花。

肥皂草

科属：石竹科肥皂草属
拉丁名：*Saponaria officinalis* L.

形态特征：多年生草本。其茎直立，不分枝或上部分枝；叶片椭圆形或椭圆状披针形；聚伞圆锥花序，小聚伞花序有3~7花，花瓣白色或粉红色；蒴果长圆状卵形。花期6~9月，果期8~10月。

生态习性：喜光、耐半阴、耐寒，在干燥地及湿地上均可正常生长，对土壤要求也不严。

观赏特点：株形优美，叶色亮丽，花形优美，香味浓郁，观赏价值高。

园林应用：可栽植在树丛、绿篱、栏杆、绿地边缘、道路两旁、建筑物前；又可用来覆盖园林地面形成独特的园林地被景观；还可用于岩石园的布置，与岩石、墙垣、砾石相配，形成独具特色的既突出岩石园景观，又不失眼前出线一道繁花似景的画卷。

费菜

科属：景天科费菜属

拉丁名：*Phedimus aizoon* (L.) 't Hart

形态特征：多年生草本。叶互生，狭披针形、椭圆状披针形至卵状倒披针形；叶坚实，近革质；聚伞花序有多花，水平分枝，平展；花瓣5，黄色；蓇葖果星芒状排列。花期6~8月。

生态习性：阳性植物，稍耐阴、耐寒、耐干旱瘠薄，在山坡岩石上和荒地上均能旺盛生长。

观赏特点：株型低矮整齐，花色鲜艳，花期长。

园林应用：是一种优良的地被花卉和盆栽花卉，适合作为城乡园林绿化植物，可用于岩生绿化或环境较差的裸露地面作为绿化覆盖。

高山紫菀

科属: 菊科紫菀属
拉丁名: *Aster alpinus* L.

形态特征: 多年生草本。其茎被毛,直立且不分枝;下部叶呈匙状或线状长圆形,中部叶呈长圆披针形或近线形,上部叶直立或稍开展;头状花序在茎端单生,舌状花,舌片紫色、蓝色或浅红色;管状花花冠黄色,冠毛白色;瘦果呈长圆形。花期6~8月,果期7~9月。

生态习性: 极耐寒,抗逆性强,能适应高海拔山区的冰雪环境;对土壤要求不严,在高寒草原土及砾质化寒漠土中均可生长。

观赏特点: 四季常绿,花美丽。

园林应用: 常用于花坛、花境的景观营造。

荷包牡丹

科属：罂粟科荷包牡丹属
拉丁名：*Lamprocapnos spectabilis*（L.）Fukuhara

形态特征：多年生草本。其茎直立呈圆柱形；叶二回三出全裂，状似牡丹叶；总状花序顶生，基部为心形，花瓣紫红色至粉红色，稀白色，花垂向一边，形似荷包。花期4~6月。

生态习性：喜温暖湿润的半阴环境，怕烈日暴晒，耐寒冷，适宜在湿润和排水良好的肥沃砂质土壤中生长。

观赏特点：花形酷似一个个小巧玲珑的荷包，颜色多变，花朵下垂，犹如一个个害羞的少女，低垂着眉眼，静静地绽放在枝头。

园林应用：常用于布置花境、花坛，也可以盆栽作促成栽培，制作切花；还可点缀岩石园或在林下大面积种植。

荷兰菊

科属：菊科联毛紫菀属
拉丁名：*Symphyotrichum novi-belgii* (L.) G.L.Nesom

形态特征：多年生草本。其全株被粗毛；叶片狭披针形至圆形；头状花序伞房状着生，花较小，舌状花，淡蓝紫色或白色，总苞片线形。花期8~10月。

生态习性：喜湿润，耐干旱、耐寒、耐瘠薄，喜阳光充足和通风的环境，适应性强，对土壤要求不严，适宜在肥沃和疏松的砂质土壤中生长。

观赏特点：花繁色艳，适应性强，植株较矮，自然成形。

园林应用：宜多用作花坛、花境的材料，也可片植、丛植，或制作盆花或切花；还适合盐碱地区大面积栽培，应用于花坛、花境有出众表现；更宜作盆栽和布置花坛、花境等小型景观；制作花篮、插花的配花，也是一种好植培选择。

黑心金光菊

科属： 菊科金光菊属
拉丁名： *Rudbeckia hirta* L.

形态特征： 多年生草本。其全株被粗刺毛；茎下部叶长卵圆形，长圆形或匙形；上部叶长圆披针形，顶端渐尖，边缘有细至粗疏锯齿或全缘；头状花序，有长花序梗；花托圆锥形，舌状花鲜黄色；瘦果四棱形。花期5~9月，果期8~10月。

生态习性： 喜阳光充足的环境，性强健，耐干旱、极耐寒；于通风向阳处的砂质壤土上生长良好。

观赏特点： 花呈深褐色，舌状花为金黄色，二色相衬颇为醒目。

园林应用： 常作公园、机关、学校、庭院等场所的景观布置的选料，亦可作为花坛、花境好材料。

红花

科属：菊科红花属
拉丁名：*Carthamus tinctorius* L.

形态特征：一年生草本。其茎直立，上部分枝；中下部茎生叶，呈披针形、卵状披针形或长椭圆形，全部叶质地坚硬，革质，有光泽，半抱茎；头状花序多数，在茎枝顶端排成伞房花序，小花红色、桔红色；果实为瘦果倒卵圆形，乳白色。花果期5~8月。

生态习性：喜温和干燥、阳光充足的环境，耐寒、耐旱、耐盐碱。

观赏特点：茎秆挺直，花色鲜艳。

园林应用：适植种于花坛、花境、专类园等处。

花叶玉簪

科属：天门冬科玉簪属
拉丁名：*Hosta undulata* Bailey

形态特征：多年生宿根草本。叶基生成丛,叶片长卵形,叶缘微波状,浓绿色,叶面中部有乳黄色和白色纵纹及斑块,顶生总状花序,花葶出叶,着花5~9朵,暗紫色。花期7~8月。
生态习性：耐寒、喜阴、怕强光直射,喜在土层深厚、排水良好的肥沃壤土中生长。
观赏特点：株型紧凑,叶色丰富,花美丽。
园林应用：适宜在公园、居住区、游园、校园、庭院等处种植。

黄花补血草（黄花矶松）

科属：白花丹科补血草属
拉丁名： *Limonium aureum*（L.）Hill

形态特征：多年生草本。茎基肥大，被褐色鳞片；叶基生，长圆状披针形至倒披针形，先端圆或钝；花序圆锥状，花序轴绿色，穗状花序位于上部分枝顶端，花冠橙黄色。花期6~8月，果期7~8月。

生态习性：耐盐碱、耐贫瘠、耐干旱性能很强；对土壤要求不严，在砂质土、弱碱壤土上均能正常生长。

观赏特点：花色艳美、繁密华贵。

园林应用：适宜在公园、居住区、校园、庭院及路坡等处栽植。

黄花棘豆

科属：豆科棘豆属

拉丁名：*Oxytropis ochrocephala* Bunge

形态特征：多年生草本。其茎粗壮，直立，密被卷曲白色短柔毛和黄色长柔毛，绿色；羽状复叶；托叶草质，卵形，与叶柄离生；叶柄与叶轴上面有沟，密被黄色长柔毛；密总状花序；花冠黄色；荚果革质，长圆形，膨胀，先端具弯曲的喙，密被黑色短柔毛。花期6~8月，果期7~9月。

生态习性：喜阳，耐旱、耐寒、耐瘠薄，对土壤要求不严。

观赏特点：株型优雅，花色美丽。

园林应用：为干旱草原沙漠的常见植物，对于固沙和防止沙化具有重要价值。

黄花草木樨

科属： 豆科草木樨属
拉丁名： *Melilotus officinalis* Pall.

形态特征： 茎直立，粗壮，多分枝，光滑或稍有毛；小叶椭圆形、倒披针形至倒卵状披针形，先端圆，基部楔形，两面无毛；托叶三角状锥形；总状花序腋生；花萼钟形，花冠黄色。荚果卵球形；种子卵形、褐色。花期5~9月，果期6~10月。

生态习性： 适于在半干旱温湿气候条件下生长，对土壤要求不严，在侵蚀坡地、盐碱地、砂土地、泛滥地及草地的瘠薄土壤上生长旺盛；抗盐、抗旱、抗寒能力较强。

观赏特点： 花朵呈黄色，花型美丽，颇具观赏价值。

园林应用： 常种植于花坛、草地边缘或作为野生花卉观赏区域的一部分。

黄金菊

科属：菊科黄蓉菊属

拉丁名：*Euryops pectinatus* (L.) Cass.

形态特征：多年生草本。具分枝；叶片长椭圆形，羽状分裂，裂片披针形，全缘，绿色；头状花序，舌状花及管状花均为金黄色；瘦果。花期春至夏。

生态习性：喜温暖、阳光充足的环境，喜湿润，耐寒、耐瘠，喜肥沃的土壤。

观赏特点：花金黄色，花期长，鲜艳美丽。

园林应用：适于花境、花坛绿化，也可用作地被植物，盆栽用于阳台、客厅等栽培观赏。

华鼠尾草

科属： 唇形科鼠尾草属
拉丁名： *Salvia chinensis* Benth.

形态特征： 一年生草本。茎直立或基部平卧，被短柔毛或长柔毛；单叶卵形或卵状椭圆形，仅叶脉被短柔毛；轮伞花序，花冠蓝紫或紫色；小坚果呈褐色，常为椭圆状卵球形。花期8~10月。

生态习性： 喜光，也耐半阴，喜温暖或凉爽的气候。适宜在日照充足、通风良好、排水通畅的砂质壤土或土质深厚壤土中生长。

观赏特点： 花朵小巧玲珑，颜色鲜艳，十分雅致美观。

园林应用： 适种植于公园、生态园、居住区、花坛及花境等处，也可以与岩石、水体、小品等景观元素搭配使用。

金莲花

科属：毛茛科金莲花属

拉丁名：*Trollius chinensis* Bunge

形态特征：多年生草本。基生叶是五角形状，三全裂，边缘呈现锯齿状；两侧的裂片二深裂接近底部；花单生或者两三朵组成花序，花金黄色。花期6~7月，果期8~9月。

生态习性：喜欢冷凉湿润的环境，较耐寒。

观赏特点：株型优美，花大色艳。

园林应用：宜植于公园、居住区、校园、庭院等处，是布置花带、花坛、花境的优质材料。

金娃娃萱草

科属：阿福花科萱草属

拉丁名：*Hemerocallis fulva* 'Golden Doll'

形态特征：多年生草本。叶基生，条形，排成两列；花葶粗壮，聚伞花序；花冠漏斗形，花金黄色。花期5~11月。

生态习性：喜光，耐干旱、湿润与半阴，对土壤适应性强，最宜在土壤深厚、富含腐殖质、排水良好、肥沃的砂质壤土生长为佳。

观赏特点：株型紧凑，叶色碧绿，花色美丽。

园林应用：适宜植种在城市公园、广场、道路边坡等处，也可成片种植，形成花海。

金针菜

科属：阿福花科萱草属
拉丁名：*Hemerocallis citrina* Baroni

形态特征：多年生草本。根近肉质，中下部常有纺锤状膨大，叶狭长；花葶长短不一，花梗较短，花多朵，花被淡黄色；果为蒴果。花果期5~9月。
生态习性：喜光，耐阴；喜湿，不耐涝，耐旱性较强，能耐瘠。
观赏特点：花型优美，花朵色泽金黄，芳香味美。
园林应用：宜种植于公园、居住区、庭院、花境等处。

锦葵

科属：锦葵科锦葵属

拉丁名：*Malva cathayensis* M. G. Gilbert, Y. Tang & Dorr

形态特征：二年生或多年生直立草本。茎分枝多，叶圆心形或肾形；花紫红色或白色；果扁圆形，种子黑褐色，肾形。花期5~10月。

生态习性：喜阳，耐寒、耐干旱，不择土壤，适应性强，在各种土壤上均能生长，其中砂质土壤最适宜。

观赏特点：花大艳丽，花期长。

园林应用：多用于花境造景，常种植在庭院边角等地观赏。

荆芥

科属：唇形科荆芥属

拉丁名：*Nepeta cataria* L.

形态特征：多年生草本。茎基部木质化,被白色短柔毛；叶卵状至三角状心脏形,边缘具粗圆齿或牙齿；花序为聚伞状,花冠白色；小坚果卵形,灰褐色。花期7~9月,果期9~10月。

生态习性：喜温暖气候,光照充足,亦耐半阴、耐旱、耐寒性较强,对土壤要求不高。

观赏特点：小花淡紫色,且具特殊气味。

园林应用：宜作地被植物,也可布置庭院的花境,或点缀岩石园。

聚合草

科属：紫草科聚合草属
拉丁名：*Symphytum officinale* L.

形态特征：多年生草本。其全株被向下稍弧曲的硬毛和短伏毛；茎数条，直立或斜升，有分枝；基生叶具长柄，叶片带状披针形、卵状披针形至卵形；花淡紫色、紫红色至黄白色；小坚果歪卵形。花期5~10月，果期7~11月。

生态习性：既耐寒又抗高温，不受地域限制；对土壤无严要求，一般土地均可种植。

观赏特点：花朵色彩丰富多变，从基部至花瓣由淡紫到淡黄、黄白色，盛开时繁花似锦，美丽异常。

园林应用：可作庭园植物、地被植物和盆栽等。

蕨麻

科属：蔷薇科蕨麻属
拉丁名：*Argentina anserina*（L.）Rydb.

形态特征：多年生草本。茎匍匐，在节处生根，常着地长出新植株；基生叶为间断羽状复叶，小叶对生或互生，上面绿色，下面密被紧贴银白色绢毛；单花腋生，花瓣黄色；瘦果卵形。花果期7~9月。

生态习性：喜在湿润、排水良好的土壤中生长，适应性强，为碱土、盐碱土指示植物之一。

观赏特点：枝叶密集，花色优雅。

园林应用：可在公园、公路、住宅小区等处栽植，也可建植成单一草坪和点缀式草坪。

款冬

科属：菊科款冬属
拉丁名：*Tussilago farfara* L.

形态特征：多年生草本。地下根状茎横生；基生叶呈卵形或三角状心形，后生出的基生叶呈阔心形，叶片边缘有波状，下面密集地长着白色茸毛，叶柄有白色棉毛；头状花序单独生于茎的顶端，舌状花冠是黄色；果实呈圆柱形。花期4~5月，果期5~7月。

生态习性：喜凉爽湿润的山区气候，多分布在河边、砂地、山谷、溪旁比较潮湿的地方；怕高温、干燥，耐寒，喜冷凉荫蔽潮湿环境，忌积水。

观赏特点：枝叶翡翠碧绿，头状花序，单一顶生，花形线条明快，花色丰富。

园林应用：宜植种于公园、游园、居住区等处。

蓝花鸢尾

科属： 鸢尾科鸢尾属

拉丁名： *Iris tectorum* Maxim.

形态特征： 多年生草本。根状茎粗壮，二歧分枝；叶基生，黄绿色，宽剑形；花茎光滑；花蓝紫色，蒴果长椭圆形或倒卵形。花期4~5月，果期6~8月。

生态习性： 喜温暖、阳光充足的气候，耐寒、耐旱性较强，适宜半阴环境，喜湿润忌水涝，宜在排水良好、富含腐殖质、微酸略碱性土壤或沼泽土壤中生长。

观赏特点： 花朵蓝紫色，淡雅清香，花形优美大而奇特，宛若翩翩彩蝶。

园林应用： 宜在公园、游园、居住区、庭院等处植种，亦可作花境材料，疏林下片植及道路中分带、路缘边坡等地。

蓝亚麻

科属：亚麻科亚麻属
拉丁名：*Linum perenne* L.

形态特征：多年生草本。可作一年生栽培；基部多分枝，茎丛生、直立而细长；叶互生，披针形，浅蓝绿色；聚伞花序顶生或生于上部叶腋，花有淡蓝色、蓝紫等颜色。花期6~7月，果期8~9月。

生态习性：喜光照充足、干燥而凉爽的气候，耐寒、耐肥、不耐湿。

观赏特点：花优雅别致，花期长，花量大。

园林应用：适植培于风景区、市郊游憩地、森林公园等大型园林境域的空旷地、路缘、林缘、溪边、山坡上。

狼毒(狼毒花)

科属：瑞香科狼毒属
拉丁名：*Stellera chamaejasme* L.

形态特征：多年生草本。根茎粗壮,圆柱形,棕色,有时带紫色；叶互生,披针形或椭圆状披针形,先端渐尖或尖,基部圆形至钝形或楔形；头状花序顶生,绿色叶状总苞片；果圆锥状,果皮淡紫色。花期4~6月,果期7~9月。

生态习性：适应性强,耐旱、耐寒、耐瘠薄,能在贫瘠和盐碱化的土壤中生长,是典型的旱生植物。

观赏特点：叶子呈狭长型,花朵艳丽,绮丽多姿。

园林应用：植于花园和公共场所,成为园林美化的重要植物之一。

镰荚棘豆

科属：豆科棘豆属
拉丁名：*Oxytropis falcata* Bunge

形态特征：多年生草本，具腺体。茎缩短，木质而多分枝，丛生；羽状复叶长，长卵形；叶柄与叶轴上面有细沟，密被白色长柔毛；小叶对生或互生，线状披针形、线形，先端钝尖，基部圆形。6~10朵花组成头形总状花序；花冠蓝紫色或紫红色。荚果。花期5~8月，果期7~9月。
生态习性：喜阳光充足的环境，耐旱、耐寒、耐瘠薄，对土壤要求不严。
观赏特点：形态独特，花小而艳丽，颇具观赏价值。
园林应用：适植栽于公园、游园、道路边坡等处，可作地被种植。

柳兰

科属：柳叶菜科柳兰属
拉丁名：*Chamerion angustifolium*（L.）Holub

形态特征：多年生草本。其根状茎匍匐表土；呈木质化，圆柱形；叶螺旋状互生，茎下部的叶披针状长圆形至倒卵状，中上部的叶近革质，线状披针形或狭披针形；花序直立；花紫红色或淡红色。花期6~9月，果期8~10月。

生态习性：喜光、耐寒，适生于湿润肥沃、腐殖质丰富的土壤。

观赏特点：花色美艳，开花时壮观。

园林应用：适宜作花境的背景材料，也可群植或片植。

柳叶马鞭草

科属：马鞭草科马鞭草属

拉丁名：*Verbena bonariensis* L.

形态特征：多年生草本。初期叶为椭圆形，边缘有缺刻，花茎抽高后叶转为细长型如柳叶状，边缘仍有尖缺刻；细长如马鞭，所以被称为马鞭草。花为聚伞穗状花序，小筒状花着生于花茎顶部或腋生；花朵由5瓣花瓣组成，群生最顶端的花穗上，花冠呈紫红色或淡紫色。花期5~9月。

生态习性：喜光、喜温暖的气候，耐旱，怕水涝，对土壤要求不严。

观赏特点：花期长，花色柔和优雅。

园林应用：适用于园路边、滨水岸边、墙垣边群植，景观效果佳，也可作为花境的背景材料。

龙牙草

科属：蔷薇科龙牙草属
拉丁名：*Agrimonia pilosa* Ledeb.

形态特征：多年生草本。其根状茎短，茎的表面有稀疏柔毛；叶互生，间断奇数羽状复叶，为暗绿色，椭圆状卵形或倒卵形，有锯齿；花为穗状总状花序，花瓣为黄色；果实为倒卵状瘦果，顶端有钩刺；花果期为5~12月。

生态习性：喜温暖湿润的气候，喜光、耐旱、耐寒，常生于溪边、荒地、路旁、草地、灌木、林缘边。

观赏特点：花朵呈黄色，盛开时非常美丽。

园林应用：宜植于公园、道路及河道边坡等处。

耧斗菜

科属：毛茛科耧斗菜属
拉丁名：*Aquilegia viridiflora* Pall.

形态特征：多年生草本。根肥大，圆柱形；茎直立，被柔毛，基生叶少数，二回三出复叶；叶片楔状倒卵形；花3~7朵，倾斜或微下垂；蓇葖果长。花期5~7月；果期7~8月。

生态习性：喜凉爽、半阴湿的环境，耐寒冷，怕高温和高湿，适宜在排水良好的地带种植。

观赏特点：叶子自然质朴，花色丰富，花型奇特。

园林应用：适宜在庭院中成片或成丛种植；在园林应用中，种植于路边道旁、林下、岩石园等处都能很好地生长；也可盆栽观赏或制作切花。

骆驼蓬

科属： 白刺科骆驼蓬属
拉丁名： *Peganum harmala* L.

形态特征： 多年生草本。茎基部多分枝；叶卵形互生,全裂为3~5条形或披针状条形裂片；花单生枝端,与叶对生；花瓣倒卵状矩圆形为黄白色；蒴果近球形。花期5~6月,果期7~9月。

生态习性： 耐旱、耐寒,多生于路旁、河岸等具备较好土壤和水分条件的地方,尤其对地下水质有较高要求。

观赏特点： 枝叶青翠,开花时花呈白色和黄色。

园林应用： 可作为公园、植物园的砂生区科普植物素材,也可用于砂地、坡地绿化。

落新妇

科属：虎耳草科落新妇属

拉丁名：*Astilbe chinensis*（Maxim.）Franch. & Sav.

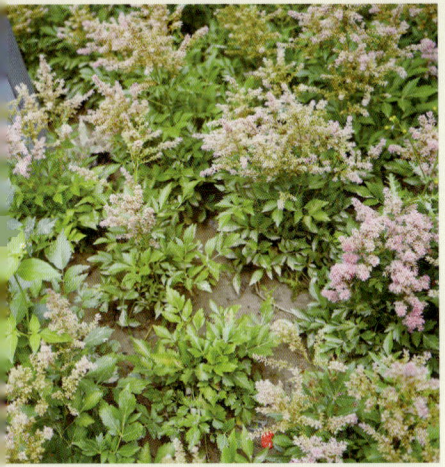

形态特征：多年生草本。茎圆柱形，根状茎作药；基生叶二至三回三出复叶，多破碎，完整小叶呈披针形、卵形、阔椭圆形，先端渐尖，基部多楔形，边缘重锯齿，两面沿脉疏生硬毛；茎生叶较小，棕红色；圆锥花序，花密集，淡紫色。花果期6~9月。

生态习性：喜光，稍耐阴、耐干旱、耐寒。

观赏特点：长长的花杆上布满了密密麻麻的小花，从下往上逐渐开放，整朵花的形状像棉花糖，花极密集，几乎看不到花苞，花苞宛如粒粒珍珠，毛茸茸的如雾般缥缈，花色有淡紫色、紫红色、白色、粉色等颜色。

园林应用：宜植于公园、校园、居住区等处，也可种植疏林下、林缘墙垣半阴处、溪边、湖畔；还可作花坛和花境。矮生类型草本植物可布置岩石园。

马蔺

科属：鸢尾科鸢尾属

拉丁名：*Iris lactea* Pall.

形态特征：多年生密丛草本。叶基生，灰绿色，质坚韧，线形；花茎光滑，花乳白色，淡紫红色或蓝紫色或淡紫蓝色外内花被，形状各异；蒴果，长椭圆状柱形。花期5~7月，果期6~9月。

生态习性：喜生长于温和或寒温地带的盐碱土或盐渍化土壤。耐涝、耐盐碱、耐践踏、耐贫瘠。

观赏特点：株型美观，花香，清新淡雅，花期长。

园林应用：可布置在园路及花坛、花境的边缘做镶边植物，也可以点缀在草坪或模纹花坛中作点缀植物。

毛蕊花

科属：玄参科毛蕊花属
拉丁名：*Verbascum thapsus* L.

形态特征：二年生草本。全株被密而厚的浅灰黄色星状毛；基生叶和下部的茎生叶倒披针状矩圆形，基部渐狭成短柄状，边缘具浅圆齿，上部茎生叶逐渐缩小而渐变为矩圆形至卵状矩圆形，基部下延成狭翅；穗状花序圆柱状，花密集，数朵簇生，花冠黄色；蒴果卵形。花期6~8月，果期7~10月。

生态习性：喜向阳地，耐寒，对土壤的要求不严。
观赏特点：株型优美，花美丽，花期长。
园林应用：适植种于公园、庭院、居住区等处，也适宜与其他深绿色叶丛配合，布置作混合花坛或花径的背景。

美国薄荷

科属：唇形科美国薄荷属
拉丁名：*Monarda didyma* L.

形态特征：多年生草本。叶卵状披针形，先端渐尖或长渐尖，基部圆，具不整齐锯齿，上面疏被长柔毛，后渐脱落；头状花序，花冠紫红色，被微柔毛。花期7月，果期8~10月。

生态习性：喜凉爽、湿润、向阳的环境，亦耐半阴、耐寒；在湿润、半阴的灌丛及林地中生长最为旺盛；适应性强，不择土壤，忌过于干燥。

观赏特点：花色浓艳、花期长、且开花整齐，枝叶芳香宜人。

园林应用：宜植于公园、游园、岩石园、庭院、阳台、窗台等处，也可在花境、花坛等地种植。

美女樱

科属：马鞭草科美女樱属
拉丁名：*Glandularia × hybrida*（Groenland & Rümpler）G.L.Nesom & Pruski

形态特征：多年生草本。全株有细绒毛，植株丛生而铺覆地面，茎四棱；叶对生，深绿色；穗状花序顶生，密集呈伞房状，花小而密集，有白色、粉色、红色、复色等颜色，具芳香。花期5~10月，果期9~10月。
生态习性：喜阳光、耐寒、耐旱、耐盐碱、耐瘠薄土壤。
观赏特点：花色丰富，优雅别致。
园林应用：适种植于公园、居住区、游园、花境、花坛等处，亦可成片种植形成花海。

密花香薷

科属：唇形科香薷属

拉丁名：*Elsholtzia densa* Benth.

形态特征：多年生草本。茎直立，自基部多分枝，分枝细长，茎及枝均四棱形，具槽，被短柔毛；叶长圆状披针形至椭圆形，先端急尖或微钝，基部宽楔形或近圆形；穗状花序长圆形或近圆形，密被紫色念珠状长柔毛，由密集的轮伞花序组成。花果期7~10月。

生态习性：喜温暖阳光充足、湿润的环境，耐干旱、不耐水涝、耐寒性强，适应性强，对土壤要求不严，以生于通风良好的砂质壤土或土质深厚肥沃的壤土中生长为佳。

园林应用：可作为疏林草地和林中草地的点缀花卉品种，也可点缀草坪，或植之于林缘、树丛的边缘，在树丛、草坪之间起过渡的作用，既丰富景观又增加野趣。

木香薷

科属：唇形科香薷属
拉丁名：*Elsholtzia stauntonii* Benth.

形态特征：茎直立，上部多分枝，小枝下部近圆柱形，上部钝四棱形，具槽及细条纹，带紫红色，被灰白色微柔毛；叶披针形至椭圆状披针形，穗状花序生于茎枝及侧生小花枝顶上，位于茎枝上者较长，花冠淡红紫色。花果期7~10月。

生态习性：喜温暖、阳光充足、湿润的气候，耐干旱，不耐水涝，耐寒性强；适应性强，对土壤要求不严，以生长于通风良好的砂质壤土或土质深厚肥沃的壤土为好，中度以下盐碱土及瘠薄土壤也能适应其生长。

观赏特点：假穗状花序，花冠蓝紫色，繁而艳丽，气味芬芳。

园林应用：宜种植于公园、居住区等处，也可成片种植。

蒲公英

科属：菊科蒲公英属

拉丁名：*Taraxacum mongolicum* Hand.-Mazz.

形态特征：多年生草本。叶倒卵状披针形、倒披针形或长圆状披针形；花葶1至数个，与叶等长或稍长，头状花序，舌状花黄色，边缘花舌片背面具紫红色条纹；瘦果倒卵状披针形。花期4~9月，果期5~10月。

生态习性：耐寒、耐热，对干旱和酸性环境有一定的抗性，可在所有的土壤类型中生长，最宜在砂质土壤中生长较好。

观赏特点：植株低矮，花色鲜艳，果序轻盈可爱。

园林应用：无论是丛植或群植，都有较高的观赏价值。常作缀花草坪或片植，可与紫花地丁混合，黄与紫可形成鲜明的对比；也可点缀配植于园路的砖、石缝中，更有韵味。

蒲苇

科属：禾本科蒲苇属

拉丁名：*Cortaderia selloana* (Schult. & Schult.f.) Ascchers & Graebn

形态特征：多年生草本。雌雄异株；秆高大粗壮，丛生，高2~3米；叶片质硬，狭窄，簇生于秆基，边缘具锯齿状粗糙。圆锥花序大型稠密，银白或粉红色；雌花序较宽大，雄花序较狭窄。花期9~10月。

生态习性：喜温暖、阳光充足与水质良好的土壤环境，耐旱、较耐寒。

观赏特点：高大优美，圆锥花序呈纺锤状，花期长，萧散飘逸。

园林应用：宜于公园、道路、河道边坡等处种植，庭园栽植更显壮观而雅致。

瞿麦

科属：石竹科石竹属
拉丁名：*Dianthus superbus* L.

形态特征：多年生草本。茎丛生，直立；叶片线状披针形，顶端锐尖，中脉特显，基部合生成鞘状，绿色，有时带粉绿色。花1朵或2朵生枝端，有时顶下腋生。花淡红色或带紫色，稀白色。花期6~9月，果期8~10月。

生态习性：喜阳、耐寒、耐旱、忌涝，喜排水良好、肥沃的砂质土壤中生长。

观赏特点：花型奇特，芳香怡人。

园林应用：可植于花坛、花境、岩石园等处。

肉果草

科属：通泉草科肉果草属
拉丁名：*Lancea tibetica* Hook. f. & Thomson

形态特征：多年生草本。叶几成莲座状，倒卵形至倒卵状矩圆形或匙形，近革质，顶端钝，常有小凸尖，基部渐狭成有翅的短柄；花簇生或伸长成总状花序，花冠深蓝色或紫色；果实卵状球形，红色至深紫色。花期5~7月，果期7~9月。

生态习性：耐践踏、耐寒、耐瘠薄，喜半阴且在全光照下生长良好。

观赏特点：株型小巧玲珑，叶片翠绿，花淡雅别致。

园林应用：可观叶、观花，在园林中可作地被种植。

山桃草

科属: 柳叶菜科月见草属

拉丁名: *Gaura lindheimeri* (Engelm. & A. Gray) W.L. Wangner & Hoch

形态特征: 多年生草本。茎直立,多分枝;全株有短毛;叶互生,无柄;叶片披针形或匙形,先端渐尖,叶缘具波状齿;花萼片为披针形,淡粉红色;花瓣白色或粉红色;蒴果坚果状,纺锤形;花期5~9月,果期8~9月。

生态习性: 耐半阴,耐寒,喜凉爽及半湿润气候,要求肥沃、疏松及排水良好的砂质土壤为宜。

观赏特点: 花多而繁茂,植株婀娜轻盈。

园林应用: 可用于花坛、花境、地被、草坪点缀,也可作园林绿地成片群植,还可作庭院绿化和插花用材。

芍药

科属：芍药科芍药属

拉丁名：*Paeonia lactiflora* Pall.

形态特征：多年生草本。茎下部叶为二回三出复叶，上部叶为三出复叶；小叶狭卵形，椭圆形或披针形，顶端渐尖，基部楔形或偏斜；花数朵，生茎顶和叶腋，白色，有时基部具深紫色斑块。蓇葖果，顶端具喙。花期5~6月，果期8月。

生态习性：喜阳光充足的环境，适宜地势较高、排水良好、土层深厚、疏松肥沃的砂质壤土中生长。

观赏特点：花朵硕大，花容俏丽，芳香馥郁，自古就有"花相"之誉。

园林应用：多用于布建专类园、园林绿化，也可用于切花、盆栽以及育种的资源。

蛇莓

科属：蔷薇科蛇莓属

拉丁名：*Duchesnea indica*（Andrews）Focke

形态特征：多年生草本。匍匐茎多数；小叶片倒卵形至菱状长圆形，先端圆钝，且钝锯齿；托叶窄卵形至宽披针形；花单生于叶腋，花瓣倒卵形，黄色；花托果期、鲜红色；瘦果卵形。花期6~8月，果期8~10月。

生态习性：适应性广，抗性强，对环境和土壤选择不严，喜阴、半阳或偏阴的生长环境，耐贫瘠、耐旱、耐寒。

观赏特点：植株低矮，竞争力强，绿草期、花期长。

园林应用：宜用在疏林下、建筑物的遮阴地方建草坪。

蓍草

科属：菊科蓍草属
拉丁名：*Pedicularis achilleifolia* Steph. ex Willd.

形态特征：多年生草木。茎直立，密生柔毛，上部分枝；叶互生，无柄；叶片披针形或长椭圆形，花白色。瘦果扁平。花果期7~9月。

生态习性：喜阳光，耐半阴；喜温暖，耐寒；耐旱，喜湿润，怕积水；喜肥沃土壤。

观赏特点：植株低矮，花繁色艳，开花早，花期长。

园林应用：适宜于庭院、公共绿地、道路绿岛的绿化，还是布置花坛的好材料，也适宜花境应用，还可以盆栽观赏，是一种优良的抗旱宿根花卉资源，同时更是一种适宜作切花和干花的良好素材。

石竹

科属： 石竹科石竹属

拉丁名： *Dianthus chinensis* L.

形态特征： 多年生草本。其植株全株无毛，带粉绿色；茎由根颈生出，疏丛生，直立，上部分枝，有节；单叶对生，叶片线状披针形，全缘或有细小齿，中脉较显；花单生枝端或数花集成聚伞花序，瓣片倒卵状三角形，花瓣紫红色、粉红色、鲜红色或白色；蒴果圆筒形，包于宿存萼内；种子黑色，扁圆形；花期5~6月，果期7~9月。

生态习性： 喜阳光充足、干燥、通风及凉爽的气候，耐寒、不耐酷暑；耐旱，忌水涝。

观赏特点： 植株低矮，花团紧簇，花期长。

园林应用： 广泛植配于花坛、花境以及节日用花；其栽植成本低，可在公园大型绿地中拼成图案或栽植成色带；也可作盆栽或切花，点缀庭院、居室；大范围连片栽植时，亦可作地被观赏材料。

蜀葵

科属：锦葵科蜀葵属

拉丁名：*Alcea rosea* L.

形态特征：多年生草本。植株高达2米，茎枝密被星状毛和刚毛；叶子近似乎圆心形，上疏被星状柔毛，下被星状长硬毛或绒毛；花序顶生单瓣或重瓣，有紫、粉、红、白等颜色；果子呈现盘状。花果期为5~8月。

生态习性：喜好阳光充足的环境；在疏阴环境下生长最强壮或耐寒，喜冷凉气候，最宜生长在肥沃、深厚的土壤中。

观赏特点：花朵颜色鲜艳，给人清新的感觉。

园林应用：是园林背景应用材料之一，也可作为花坛、花境的背景，还可在墙下、篱边种植，或者作为庭院边缘的绿化材料。

宿根福禄考

科属：花荵科天蓝绣球属

拉丁名：*Phlox paniculata* L.

形态特征：多年生草本。茎直立，粗壮，叶片交互对生，有时轮生，长圆形或卵状披针形，顶端渐尖，基部渐狭成楔形，全缘，两面疏生短柔毛；多花密集成顶生伞房状圆锥花序，花萼筒状，花冠淡红、红、白、紫等色。花期5~8月。

生态习性：性喜温暖湿润、阳光充足或半阴的环境；不耐热、耐寒，忌烈日暴晒，不耐旱，忌积水；宜在疏松、肥沃、排水良好的中性或碱性的砂壤土中生长。

观赏特点：姿态幽雅，花朵繁茂，色彩艳丽。

园林应用：可作花坛、花境材料，也可盆栽观赏，或作为切花。

宿根天人菊

科属：菊科天人菊属
拉丁名：*Gaillardia aristata* Pursh.

形态特征：多年生草本。茎被粗节毛；基生叶和下部茎叶长椭圆形或匙形，全缘或羽状缺裂，两面被柔毛，叶柄长，中部茎叶披针形、长椭圆形或匙形，基部无柄或心形抱茎；头状花序。瘦果。花果期7~8月。

生态习性：喜光照充足、通风良好的生态环境，较耐热、耐旱、耐寒，适宜在湿润肥沃、排水性良好的砂质壤土上生长。

观赏特点：花姿妖娆、色彩艳丽、花期长。

园林应用：可用于布置花坛、花镜和庭院，也可成丛、成片地植于林缘和草地中，也可作切花；还是防风固沙的优质良材。

随意草

科属：唇形科假龙头花属
拉丁名：_Physostegia virginiana_（L.）Benth.

形态特征：多年生草本。茎丛生而直立，四棱形；叶片披针形，亮绿色，边缘具锯齿；穗状花序顶生，有花，花色为粉色、白色、淡紫红，因其花朵排列在花序上酷似芝麻的花，惟密度稍稠，故又名芝麻花。7~10月开花。

生态习性：喜温暖阳光、疏松、肥沃、排水良好的砂质壤土中生长，它较耐寒、耐热、耐半阴、耐肥，适应能力强。

观赏特点：叶形整齐，花色丰富。

园林应用：宜片植于公园、游园等处，也可用于布置花坛和花境，或路边、疏林、草坪，或坡地丛植、片植，十分宜人。

穗花婆婆纳

科属：车前科兔尾苗属

拉丁名：*Pseudolysimachion spicatum* (L.) Opiz

形态特征：多年生草本。茎单生或数支丛生；叶对生，茎基部的常密集聚生，有长叶柄；花序长穗状；幼果球状矩圆形。花期7~9月。

生态习性：喜温暖、耐寒性较强、喜光、耐半阴，忌冬季湿涝，喜生于肥沃、深厚的土壤中。

观赏特点：叶形美观、花期长、观赏价值高。

园林应用：可作为缀花草坪，增加草坪的观赏效果；种植在园林建筑或古迹等附近的斜坡上既可护坡又可衬托景点；也可以在园路两旁、假山石作点缀或栽在幽静的山涧、路旁，还可用于点缀山坡草坪。

唐菖蒲

科属: 鸢尾科唐菖蒲属
拉丁名: *Gladiolus gandavensis* Van Houtte

形态特征: 多年生草本。球茎扁圆球形；叶基生或在花茎基部互生，剑形；花茎直立，不分枝，花茎下部生有数枚互生的叶；蝎尾状单歧聚伞花序，花有红、黄、白或粉红等色。花期7~9月，果期8~10月。

生态习性: 喜欢温暖、湿润、阳光充足、通风良好的生长环境，喜土层深厚、疏松肥沃、排水良好的微酸性砂壤土。

观赏特点: 叶形优美、花型独特，花色丰富，优美大方。

园林应用: 适宜在庭院中或庭院花境中种植，可作花坛、草坪和地被植物等处的优质绿化材料，较高的植株还可用作花坛的背景或骨架，较矮的植株品种可作前景材料用来装饰彩色花坛。

天仙子

科属： 茄科天仙子属
拉丁名： *Hyoscyamus niger* L.

形态特征： 二年生草本。全体被黏性腺毛；根较粗壮；莲座状叶丛，卵状披针形或长矩圆形，茎生叶卵形或三角状卵形，裂片多为三角形，顶端钝或锐尖，花在茎中部以下单生于叶腋；花冠钟状，黄色而脉纹紫堇色。花果期5~8月。

生态习性： 喜温暖湿润的环境。成长力强，对土壤要求不严，宜选阳光充足、排水良好的砂质壤土或砂质粒壤土栽培为佳。

观赏特点： 茎叶繁茂，铜铃状的花朵微微垂头，奇特美丽。

园林应用： 广泛种栽于公园、公路两侧，布置花坛外轮可起到画龙点睛的作用，亦可作为绿化带呈块状播种。

西藏点地梅

科属：报春花科点地梅属
拉丁名：*Androsace mariae* Kanitz

形态特征：多年生草本。叶丛通常形成密丛；叶2型；外层叶无柄，舌状或匙形，先端尖，两面无毛或疏被柔毛；内层叶近无柄，匙形或倒卵状椭圆形，先端尖或近圆而具骤尖头。伞形花序；花冠粉红或白色。花期6月。

生态习性：喜阳，耐干旱、耐瘠薄，生长于海拔1 300~1 500米干旱的阳坡石质地上。

观赏特点：植株矮小，花色艳丽。

园林应用：适宜布置岩石园或盆栽供观赏，亦有少数种类植株为民间草药。

细叶芒

科属: 禾本科芒属

拉丁名: *Miscanthus sinensis 'Gracillimus'*

形态特征: 多年生草本。叶片线形直立纤细;叶片扁平宽大;顶生圆锥花序大型,由多数总状花序延伸的主轴排列而成,花由粉红变为银白色。颖果长圆形。花期9~10月,果期7~12月。

生态习性: 喜光,耐半阴、耐旱、也耐涝,适宜在湿润排水良好的土壤种植。

观赏特点: 株型优美,潇洒飘逸。

园林应用: 常植种于路旁、小径、岸边、疏林下或植于专类花镜中,极具野趣。

小茴香

科属：伞形科茴香属

拉丁名：*Foeniculum vulgare* Mill.

形态特征：多年生草本。茎直立、光滑，呈灰绿或苍白色，多分枝；较下部的茎生叶柄长，中部或上部的叶柄部分或全部成鞘状，叶鞘边缘膜质；叶片轮廓为阔三角形，二至三回羽状全裂，小裂片线形；花瓣黄色；果实长圆形。花期5~6月，果期7~9月。

生态习性：耐盐、耐寒、耐热，适应性强，对土壤要求不严，宜在地势平坦、肥沃疏松、排水良好的砂壤土或轻碱性黑土生长为佳。

观赏特点：株形优雅，气味独特，花密集且为黄色。

园林应用：可用于蔬菜专类园或生态园栽培观赏和科普教育。

萱草

科属：阿福花科萱草属
拉丁名：_Hemerocallis fulva_ (L.) L.

形态特征：多年生草本。叶基生成丛，条状披针形，背面被白粉；圆锥花序顶生，具6~12朵花；花早开晚谢，无香味，橘红色至橘黄色；蒴果嫩绿色。花果期5~7月。

生态习性：喜光，耐半阴、耐寒、耐干旱；不择土壤，在深厚肥沃、湿润、排水良好的砂质土壤上生长良好。

观赏特点：花色艳丽，花姿优美。

园林应用：宜栽植于公园、居住区、校园、庭院、游园等处，亦可在花坛、花境、路边、疏林、草坡或岩石园中丛植、行植或片植，还可作切花。

旋覆花

科属：菊科旋覆花属
拉丁名：*Inula japonica* Thunb.

形态特征：多年生草本。茎被长伏毛；中部叶长圆形、长圆状披针形或披针形，基部常有圆形半抱茎小耳，有小尖头状疏齿或全缘；上部叶线状披针形；头状花序，排成疏散伞房花序，舌状花黄色。花期6~10月，果期9~11月。

生态习性：喜温暖潮湿，适宜栽种于土层深厚、疏松肥沃、富含腐殖质的砂质土壤。

观赏特点：花朵颜色鲜艳，外形独特，其花朵呈漏斗状，形似圆形的枕头，给人一种时尚、别致的感觉。

园林应用：广植于花坛、阳台、花园等处。植培于水景边坡及湿地更呈其独特的秀丽。

勋章菊

科属：菊科勋章菊属
拉丁名：*Gazania rigens*（L.）Gaertn.

形态特征：多年生草本。叶着生于短茎上，披针形，全缘或羽状浅裂，叶面绿色，叶背银白色；头状花序大，舌状花具黄、浅黄、紫红、白、粉红等色，基部常有紫黑、紫色等彩斑，或中间带有深色条纹。花期5~10月。

生态习性：喜温暖、阳光充足的环境，耐瘠，较耐寒，忌积水；喜疏松、肥沃的砂质壤土。

观赏特点：株形低矮，花大色艳，花期长，状似勋章。

园林应用：宜植于公园、庭院、校园、游园等处，在花境、花坛、花台、花带观赏，还可三五株丛植用于点缀山石边、园路边等地。

胭脂红景天

科属：景天科景天属

拉丁名：*Sedum spurium* cv. Coccineum

形态特征：多年生草本。植株低矮，茎匍匐，光滑；叶对生，卵形至楔形，叶缘浅锯齿状，叶片深绿色后变胭脂红色，冬季为紫红色。花深粉色。花期6~9月。

生态习性：喜光、耐寒、耐高温、忌水湿，耐旱性极强。

观赏特点：叶片靓丽，花开遍地红艳艳。

园林应用：广种植于疏林下、路旁、场区、小区、广场、街心花园、屋顶等裸露的空地，也是用于布置花境、花坛的优良材料。

银莲花

科属：毛茛科银莲花属
拉丁名：*Anemone cathayensis* Kitag. ex Ziman & Kadota

形态特征：多年生草本。基生叶，具长柄，叶圆肾形，偶尔圆卵形；花葶高；伞形花序，花白色或带粉红色。瘦果扁平，宽椭圆形或近圆形。花期4~7月。
生态习性：喜光照，喜温暖及冷凉的气候；喜湿，怕涝；喜肥，喜疏松透气土壤。
观赏特点：花朵呈钟状，花瓣细长而柔软，散发出淡雅的香气。
园林应用：广适于植栽于公园、居住区、花园、庭院等处。

银叶菊

科属：菊科疆千里光属
拉丁名：*Jacobaea maritima* (L.) Pelser & Meijden

形态特征：多年生常绿草本，也可作一二年生草本栽培。全株被白色绒毛，多分枝；基生叶椭圆状披针形，全缘，上部叶片1~2回羽状分裂，裂片长圆形，叶片质较薄，缺裂，如雪花图案，成叶匙形或羽状裂叶；头状花序单生枝顶，舌状花小、黄色。花期6~9月。

生态习性：喜温暖，不耐高温，喜光照充足、肥沃疏松的土壤。

观赏特点：叶色银白独特，精致野趣，小花优雅。

园林应用：适宜栽植于公园、居住区、花境、花坛等处，也可栽于岩石旁形成独特的观赏景观。

玉带草

科属：木本科虉草属

拉丁名：*Phalaris arundinacea* L. var. picta L.

形态特征：多年生草本。秆通常单生或少数丛生；叶片扁平，绿色而有白色条纹间于其中，柔软而似丝带；圆锥花序紧密狭窄。花果期6~8月。

生态习性：喜阳、耐旱、耐寒、耐水湿。

观赏特点：叶片修长而翠绿，如同一条条绿色的丝带，花朵洁白如雪，宛如一片片纯净的玉片。

园林应用：适宜植培于公园、居住区、游园、观赏草园等处；也常用在花坛、花境，还可与其他植物配置布景，形成靓丽的景观。

玉簪

科属： 天门冬科玉簪属

拉丁名： *Hosta plantaginea* (Lam.) Asch.

形态特征： 多年生草本。叶基生，成簇，卵状心形、卵形或卵圆形；花葶高，具几朵至十几朵花；花单生或2~3朵簇生，白色，芳香。蒴果圆柱状，有三棱。花果期8~10月。

生态习性： 喜阴湿环境，喜肥沃、湿润的砂壤土，性耐寒，在中国大部分地区均能露地越冬，忌日光暴晒。

观赏特点： 叶娇莹，花苞似簪，色白如玉，清香宜人。

园林应用： 适种栽于公园、校园、居住区、游园等处，是我国古典庭院中重要花卉之一。在现代庭院中多配植于林下草地、岩石园或建筑物背面，也可三两成丛点缀于花境中。

月见草

科属：柳叶菜科月见草属

拉丁名：*Oenothera biennis* L.

形态特征：二年生草本。基生叶倒披针形,叶柄长;穗状花序,花瓣黄色,稀淡黄色,呈宽倒卵形;果为蒴果,锥状圆柱形。花期5~10月,果期7~11月。

生态习性：抗逆性强,耐寒耐旱、耐贫瘠;为喜光、喜温、喜肥植物;尽量选择土壤墒情好、肥力均匀的土壤为植种用地,积水、渍涝地不适宜其生长。

观赏特点：花浅黄色或黄色,夜晚开放,香气怡人。

园林应用：是优良的观花植物,可盆栽观赏,也可片植于公园、庭园等绿地,还可种植于花境、花坛中。

直立黄芪

科属：豆科黄芪属

拉丁名：*Astragalus laxmannii* Jacq.

形态特征：多年生草本。羽状复叶，小叶长圆形、近椭圆形或狭长圆形；总状花序长圆柱状、穗状、稀近头状，生数花，花冠近蓝色或红紫色；荚果长圆形。花期6~8月，果期8~10月。

生态习性：喜光、耐旱，忌水涝。

观赏特点：花序奇特，花色美丽。

园林应用：宜种植在公园、道路边坡等处，为优良水土保土植物。

掌叶大黄

科属：蓼科大黄属
拉丁名：*Rheum palmatum* L.

形态特征：多年生草木。根及根状茎粗壮木质；茎直立中空，叶片长宽近相等，顶端窄渐尖或窄急尖，基部近心形；大型圆锥花序，分枝较聚拢，密被粗糙短毛；花小，通常为紫红色，时有黄白色；果实长圆状椭圆形到长圆形。花期6月，果期8月。

生态习性：喜凉爽湿润、冷凉的气候，耐严寒，忌高温，宜在土层深厚、富含腐殖质、排水良好的壤土或砂质土中种植。

观赏特点：叶形奇特，花美丽。

园林应用：适种植公园、道路边坡等缘地。

掌叶橐吾

科属：菊科橐吾属
拉丁名：*Ligularia przewalskii*（Maxim.）Diels

形态特征：多年生草本。茎细直；叶有基部扩大抱茎的长柄，叶片宽过于长，基部稍心形，掌状深裂，边缘有疏齿或小裂片，质稍厚，下面浅绿色；花序总状，花黄色。花果期6~10月。

生态习性：生于海拔1 100~3 700米的河滩、山麓、林缘、林下及灌丛等地。

观赏特点：树形挺直，花序独特，花色鲜艳。

园林应用：宜在公园、居住区等处植培，可置于花境、花坛之中，或作为地被植物使用。

芝樱（丛生福禄考）

科属：花葱科福禄考属

拉丁名：*Phlox subulata* L.

形态特征：多年生草本。茎丛生、铺散且多分枝，被柔毛；叶呈钻状线形或线状披针形，无叶柄；花数朵，生枝顶，淡红、紫色或白色；蒴果长圆形。花期5~6月；果期6~10月。

生态习性：喜阳光，耐半阴，喜排水良好、肥沃的土壤，石灰质土壤最适生长。

观赏特点：植株低矮紧凑，花色丰富，色彩鲜艳。

园林应用：适宜作花坛、花境中的地被材料，亦可大面积种植打造成花海。

紫萼

科属：天门冬科玉簪属

拉丁名：*Hosta ventricosa*（Salisb.）Stearn

形态特征：多年生草本。根状茎粗短；叶卵状心形、卵形至卵圆形，先端通常近短尾状或骤尖，基部心形或近截形；花葶较高，具多花；花单生，盛开时从花被管向上骤然作近漏斗状扩大，紫红色；蒴果圆柱状。花期6~7月，果期7~9月。

生态习性：喜温暖湿润的生态环境，较耐阴、耐寒，适宜在土层深厚肥沃、排水性良好的砂质壤土中生长。

观赏特点：花叶俱美，叶色青翠而有光泽。

园林应用：适种植于公园、居住区、游园、庭院等处，也可成片种植在林下、建筑物背阴处，也适宜配植于花境或岩石园。

紫花地丁

科属： 堇菜科堇菜属
拉丁名： *Viola philippica* Cav.

形态特征： 多年生草本。其叶片下部呈三角状卵形或狭卵形，上部呈长圆形、狭卵状披针形或长圆状卵形；花中等大，紫堇色或淡紫色，稀呈白色。蒴果长圆形。花果期4~9月。

生态习性： 喜阳光，喜湿润的环境，耐阴也耐寒，不择土壤，适应性极强。

观赏特点： 植株低矮，株丛紧密，花优雅别致。

园林应用： 广适宜于公园、游园、道路边坡等处植种，也可适合大面积片植；还可作为草坪、花境或与其他早春花卉构成花丛。

紫苜蓿

科属： 豆科苜蓿属
拉丁名： *Medicago sativa* L.

形态特征： 多年生草本。茎直立、丛生或匍匐，呈四棱形，多分枝；托叶较大，卵状披针形，小叶片呈倒卵状长圆形，等大；花朵是成族状的总状花序或头状；花冠紫色花；果实螺旋形。花期5~7月，果期为6~8月。

生态习性： 喜温暖、半湿润、半干旱的气候环境，抗寒性较强；适合排水良好、水分充足、土壤肥沃的砂土或土层深厚的黑土中生长。

观赏特点： 花淡紫色，优雅别致。

园林应用： 宜种植于公园、景观山体边坡、道路两侧、疏林下等处。

紫茉莉

科属：紫茉莉科紫茉莉属
拉丁名：*Mirabilis jalapa* L.

形态特征：多年生草本。根肥粗，倒圆锥形；茎直立，圆柱形，多分枝，节稍肿大；叶片卵形或卵状三角形；花常数朵簇生枝端；总苞钟形，花被紫红色、黄色、白色或杂色；瘦果球形，黑色。花期6~10月，果期8~11月。

生态习性：喜温和湿润的气候和通风良好的环境，不耐寒。对土壤要求疏松、肥沃、深厚、含腐殖质丰富的壤土或夹砂土为佳。

观赏特点：花色丰富，夜开日闭，花有芳香。

园林应用：广用于公园、居住区、花园、游园等地植培；房前屋后、篱旁、路边丛植，或于林缘周围成片栽培。

紫松果菊

科属: 菊科松果菊属

拉丁名: *Echinacea purpurea* (L.) Moench

形态特征: 多年生草本。全株有粗毛,茎直立;茎叶密生硬毛,叶卵状披针形至阔卵形,互生,叶缘具锯齿。基生叶卵形或三角形,茎叶卵状披针形,叶柄基部略抱茎;头状花序,单生或多数聚生于枝顶,花大、舌状花,有紫红色、红色、粉红色等色。花期5~8月,果期7~10月。

生态习性: 稍耐寒、不耐湿热、耐瘠,喜生于温暖向阳处,不择土壤,喜肥沃深厚、富含有机质的土壤中生长。

观赏特点: 花朵大型、花色艳丽、外形美观。

园林应用: 宜植于公园、游园、庭院等处。是花境、花坛、坡地的优选材料,也可作盆栽摆放于庭院、公园和街道绿化等处。

紫菀

科属：菊科紫菀属
拉丁名：Aster tataricus L. f.

形态特征：多年生草本。茎直立，粗壮，疏被粗毛；叶疏生，基部叶在花期枯落，长圆状或椭圆状匙形；下部叶匙状长圆形；中部叶长圆形或长圆披针形；头状花序，生枝顶，线形或披针形，总苞片，花为红紫色；舌状花，有蓝紫色；瘦果倒卵状长圆形。花期7~9月，果期8~10月。

生态习性：喜温暖湿润的气候，耐寒、耐涝，尤以土层深厚、疏松肥沃、富含腐殖质，排水良好的砂质壤土栽培为宜。

观赏特点：花序大，色淡雅，蓝紫色舌花与黄色管花，互为衬托。

园林应用：可作为秋季观赏花卉，用于布置花境、花地及庭院。

水生

菖蒲

科属：菖蒲科菖蒲属

拉丁名：*Acorus calamus* L.

形态特征：多年生草本。根茎横走，芳香；叶基生，向上渐窄，脱落；叶片剑状线形，基部对褶，中部以上渐窄，草质，绿色，光亮；花序梗二棱形，叶状佛焰苞剑状线形，肉穗花序斜上或近直立，圆柱形；浆果长圆形，成熟时红色。花期6~9月，果期8~10月。

生态习性：喜温暖、湿润和阳光充足的环境，耐寒，宜在富含腐殖质、水分充足的土壤中生长，可利用种子进行繁殖。

观赏特点：叶丛翠绿，端庄秀丽，具有香气。

园林应用：适宜水景岸边及水体的绿化，也可盆栽观赏或作布景用；叶、花序还可以作插花材料。在园林中丛植于湖、塘岸边，或点缀于庭园水景和临水假山一隅，有良好的观赏价值。

慈姑

科属：泽泻科慈姑属

拉丁名：*Sagittaria trifolia* var. *sinensis* Sims

形态特征：多年生直立水生草本。茎直立，枝端膨大成球茎；叶具长柄，戟形；花一般为白色，内轮花花瓣状，基部常有紫斑，黄色花蕊；瘦果两侧压扁，倒卵形，具翅。花期8~10月。

生态习性：喜温暖、日照强的气候，抗风、耐寒力极弱，因属于水生作物，故生于沼泽、水塘之中。

观赏特点：叶片宽大，翠绿欲滴，花瓣洁白如雪，婉约而优雅。

园林应用：广适宜植种于浅水、湿地、水景及庭院等处，也可作盆栽观赏。

荷花

科属：莲科莲属

拉丁名：*Nelumbo nucifera* Gaertu.

形态特征：多年生水生草本。地下茎长而肥厚，有长节，叶盾圆形。花单生于花梗顶端，花瓣多数，嵌生在花托穴内，有红、粉红、白、紫等色，或有彩纹、镶边。坚果椭圆形，种子卵形。花期6~9月，果期8~10月。

生态习性：喜湿润，耐干旱、耐寒。喜阳光充足和通风的环境，适应性强，对土壤要求不严，适宜在肥沃和疏松的砂质土壤中生长。

观赏特点：花大色艳，清香远溢，凌波翠盖。

园林应用：宜栽于公园、居住区、湿地水景等地，可广植湖泊，蔚为壮观，也能盆栽瓶插，别有情趣。自古以来，就是宫廷苑囿和私家庭园的珍贵水生花卉，而且品种众多，最宜建立专类园观赏。

花叶芦竹

科属：禾本科芦竹属

拉丁名：*Arundo donax* 'Versicolor'

形态特征：多年生草本。秆粗大直立，茎部粗壮近木质化，具多数节，常生分枝。叶鞘长于节间，叶舌截平，叶片扁平，上面与边缘微粗糙，具白色纵长条纹，基部接近叶鞘处筷黄色，软骨质。圆锥花序极大型，分枝稠密，斜升；小穗含2~4朵小花。颖果细小黑色。花果期9~12月。

生态习性：喜光、喜温、耐水湿，不耐旱和强光，喜疏松、肥沃及排水好的砂壤土中生长。

观赏特点：植株挺拔，株丛茂密；叶片潇洒，色泽亮丽。

园林应用：丛植、片植均可。在景石、桥头、道路、建筑物、构筑物旁极宜孤植或小片丛植；水位线以上可大量种植，与水位线及以下的水生植物相协调，构成丰富的水生植物群落景观；也多用于花境，可盆栽，用于庭院观赏。

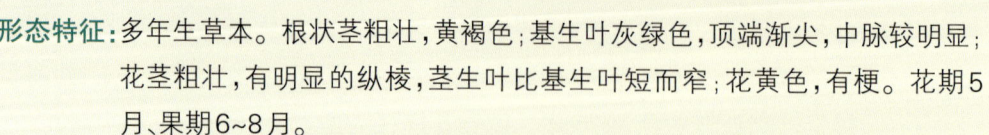

黄菖蒲

科属：鸢尾科鸢尾属

拉丁名：*Iris pseudacorus* L.

形态特征：多年生草本。根状茎粗壮，黄褐色；基生叶灰绿色，顶端渐尖，中脉较明显；花茎粗壮，有明显的纵棱，茎生叶比基生叶短而窄；花黄色，有梗。花期5月、果期6~8月。

生态习性：耐热、耐旱、极耐寒；喜生长在河湖沿岸的湿地、沼泽地、浅水以及微酸性土壤中；在干旱、微碱性的土壤中也可生长，生态适应性广。

观赏特点：姿态潇洒飘逸，花色彩鲜艳美丽。

园林应用：宜植于公园、河道、水景等处，可在水边或露地栽培，又可在水中挺水栽培，是少有的水生和陆生兼备的花卉；成片栽植在公园、风景区、房地水体的浅水处，还可作为软化硬质景观。

芦苇

科属：禾本科芦苇属

拉丁名：*Phragmites australis* (Cav.) Trin. ex Steud

形态特征：多年生草本。茎中空光滑；叶片披针状线形，排列成两行；圆锥状花序微向下弯垂，下部枝腋间有白色柔毛；果实呈披针形，黄色颖果。花期在7月；果期在8~11月。

生态习性：能适应不同的生态环境，喜生于沼泽地、河漫滩和浅水湖等环境的称之为湿地芦苇；分布在干旱区绿洲农田外围、盐碱地，甚至一些沙漠区域等环境。

观赏特点：细长而坚韧的茎干，翠绿的叶片，以及随风摇曳的姿态，都给人一种自然、和谐的美感。

园林应用：宜作为湖边、河岸低湿处的观赏植物，有固堤、护坡、控制杂草的作用。

路易斯安那鸢尾

科属：鸢尾科鸢尾属
拉丁名：*Iris fulva* 'Louisiana Hybrids'

形态特征：多年生常绿水生草本。花茎高80~100厘米。花单生，为蝎尾状聚伞花序，花色有白、紫红、红、黄等。花期5~6月，果期9~10月。

生长习性：耐湿也耐干旱，但湿地生长明显比旱地生长良好，在水深30~40厘米水域发育健壮。

观赏特点：四季常青，花色丰富，美丽夺目。冬季，傲霜斗雪，带来生机盎然的绿意。

园林应用：宜栽培于公园、居住区、游园等处。亦可在别墅、写字楼的水景，或在水景工程的节点处使用，还可植于池塘的浅水区域作片植或点缀于石旁。

千屈菜

科属：千屈菜科千屈菜属
拉丁名：*Lythrum salicaria* L.

- **形态特征**：多年生草本。根茎粗壮；叶对生，披针形或宽披针形，无柄；花序簇生，呈聚伞状，花枝似一大型穗状花序，红紫色或淡紫色；蒴果，扁圆形。花期7~9月，果期9~10月。
- **生态习性**：喜强光，耐寒性强，喜水湿，对土壤要求不严，在深厚、富含腐殖质的土壤中生长更好。
- **观赏特点**：株形紧凑，花序整齐，花色艳丽，花期长。
- **园林应用**：广植种于公园、游园、居住区、庭院等处；亦可成片布置于河岸边的浅水处，或作地被植物和花境材料。

杉叶藻

科属： 车前科杉叶藻属

拉丁名： *Hippuris vulgaris* L.

形态特征： 多年生水生草本。茎直立，多节，显紫红色；枝沉水茎，圆柱形，稍硬而挺直，暗褐色；叶轮生，线形；花单生叶腋，常为两性；核果窄长圆形。花期4~9月，果期5~10月。

生态习性： 生于浅水中和沼泽地上。喜日光充足之处，在疏阴环境下亦能生长，有一定的抗旱能力，抗寒性较强。

观赏特点： 外形奇特，颇具观赏性。

园林应用： 宜植于庭院水景、小水面等处；亦适宜成片种植，形成微型森林景观。

水葱

科属：莎草科水葱属

拉丁名：*Schoenoplectus tabernaemontani*（C. C. Gmelin）Palla

形态特征：多年生草本。根茎匍匐，具多数须根；秆圆柱状，基部具膜质叶鞘；叶片线形。长侧枝聚伞花序简单或复出；小穗单生，卵形；小坚果倒卵形或椭圆形，双凸状。花果期6~9月。

生态习性：喜阳光充足、温暖、潮湿的环境。

观赏特点：株形奇趣，株丛挺立，富有韵味。

园林应用：宜植于公园、庭院、校园等水景处。在水景园中主要制作后景材料；其茎秆也可作插花线条材料。

水毛茛

科属: 毛茛科水毛茛属
拉丁名: *Batrachium bungei* (Steud.) L. Liou

形态特征: 多年生沉水草本。茎无毛;叶有短或长柄,叶片轮廓近半圆形或扇状半圆形,叶柄基部有宽或狭鞘,鞘通常有短伏毛;花梗无毛,萼片反折,卵状椭圆形,倒卵形花瓣呈白色,基部黄色,聚合果卵球形;瘦果斜狭倒卵形。花果期5~10月。

生态习性: 喜底质松软肥沃、水质清新、透明度好的土壤,耐寒,喜光亦喜阴。

观赏特点: 叶花兼赏,枝叶纤细,花多美丽。

园林应用: 可应用于园林水体绿化。

睡莲

科属：睡莲科睡莲属
拉丁名：*Nymphaea tetragona* Georgi

形态特征：多年生浮叶型水生草本。根状茎粗状，直立或匍匐；叶二型，浮水叶浮生于水面，基部深裂成马蹄形或心脏形，叶缘波状全缘或有齿，上面为深绿色，下面为红色或紫色；沉水叶薄膜质，柔弱。花单生，花有大小与颜色之分，浮水或挺水开花；萼片4枚，花宽披针形，白色雄蕊多。果实为浆果。花期6~8月，果期8~10月。

生态习性：喜阳光充足、温暖潮湿、通风良好的环境。

观赏特点：花色绚丽多彩，花姿楚楚动人。

园林应用：最适宜作为公园、居住区、校园等处的水景。亦可作为池塘片植和居室的盆栽，还可以结合景观的需要，选用外形美观的缸盆，摆放于建设物、雕塑、假山石前等地。

梭鱼草

科属：雨久花科梭鱼草属
拉丁名：*Pontederia cordata*

形态特征：多年生挺水或湿生草本。地茎叶丛生，圆筒形叶柄呈绿色，叶片较大，深绿色，表面光滑，叶形多变，多为倒卵状披针形；花葶直立，通常高出叶面，穗状花序顶生，每条穗上密密地簇拥着几十至数十朵蓝紫色圆形小花，上方两花瓣各有两个黄绿色斑点。花果期7~10月。

生态习性：喜温、喜阳、喜肥、喜湿、怕风不耐寒，静水及水流缓慢的水域中均可生长。

观赏特点：叶色翠绿，花色迷人，花期较长，串串紫花在翠绿叶片的映衬下，别有一番情趣。

园林应用：宜植培于景观水景、河道两侧、池塘四周、人工湿地等处，与千屈菜、花叶芦竹、水葱、再力花等相间种植，可以营造出丰富多彩的湿地景观。

狭叶香蒲（小香蒲）

科属：香蒲科香蒲属

拉丁名：*Typha minima* Funck ex Hoppe

形态特征：多年生沼生或水生草本。茎直立，细弱，矮小。叶通常基生，鞘状，无叶片。雌雄花序远离；叶状苞片明显宽于叶片。小坚果椭圆形，纵裂，果皮膜质。种子黄褐色，椭圆形。花果期5~8月。

生态习性：喜强光、喜温暖、耐高温多湿、不择土壤。

观赏特点：茎叶形态优美，果穗奇特。

园林应用：常用于点缀园林水池、湖畔，构筑水景，宜做花境、水景背景材料，也可作盆栽布置庭院。

香蒲（水蜡烛）

科属：唇形科刺香浦属
拉丁名：*Typha orientalis* C. Presl

形态特征：多年生水生草本。茎无毛，不分枝；叶条形，先端尖细，全缘或上部疏生浅齿，叶无柄，叶鞘抱茎；雌雄花序紧密连接；小坚果椭圆形至长椭圆形。花果期5~10月。
生态习性：喜光、喜温暖、水湿的环境，耐寒、不耐旱。
观赏特点：株形挺拔，叶形优美，穗状花序奇特可爱。
园林应用：常用于点缀园林水池、湖畔，是构筑花境、水景背景优质材料。

藤本

鹅绒藤

科属： 夹竹桃科鹅绒藤属
拉丁名： *Cynanchum chinense* R. Br.

形态特征： 多年生缠绕草质藤本。叶对生，薄纸质，宽三角状心形，叶面深绿色，叶背苍白色；伞形聚伞花序腋生，花冠白色；蓇葖果双生或仅有1个发育，细圆柱状纺锤形；花期6~8月，果期8~10月。

生态习性： 喜光，耐半阴，对土壤要求不严。

观赏特点： 花型独特，果实奇特。

园林应用： 宜植种作围墙木栅栏、篱笆等地，可植于荒野的山石、护坡绿化。

甘青铁线莲

科属： 毛茛科铁线莲属

拉丁名： *Clematis tangutica*（Maxim.）Korsh.

形态特征： 多年生木质藤本。茎有明显的棱，幼时被长柔毛，后脱落；一回羽状复叶，有5~7片小叶；小叶片基部常浅裂、深裂或全裂，侧生裂片小，中裂片较大，呈菱状、卵形、狭长圆形或披针形。花单生枝顶，有时为单聚伞花序，黄色外面带紫色。瘦果倒卵形，有长柔毛。花期6~10月，果期8~10月。

生态习性： 耐寒、耐旱，较喜光照，不耐暑热强光，喜深厚肥沃、排水良好的碱性壤土及轻砂质壤土中生长。

观赏特点： 花大，色彩艳丽，花型变化多样。

园林应用： 可栽培于绿廊支柱附近，让其攀附生长；还可布置在稀疏的灌木篱笆中。

金银花

科属：忍冬科忍冬属

拉丁名：*Lonicera japonica* Thunb.

形态特征：半常绿藤本。幼枝暗红褐色；叶纸质，卵形至长圆状卵形，有时卵状披针形，稀圆卵状或倒卵形，基部圆或近心形；小枝上部叶两面均密被短糙毛，下部叶无毛，青灰色；花冠白色，后黄色，唇形；果圆形，熟时蓝黑色。花期4~6月（秋季亦常开花），果熟期10~11月。

生态习性：喜光，耐干旱、耐高温、耐瘠薄及盐碱土，生长快，深根性，抗风力强，对有毒气体抗性强，不适于生长在海拔高、气候寒冷的地区。

观赏特点：叶常绿不凋，花色清雅，花期长、芳香引蝶。

园林应用：常见于篱垣、阳台、绿廊、花架、凉棚等处作为垂直绿化，也可盆栽观赏。

葎草

科属：大麻科葎草属
拉丁名：*Humulus scandens*（Lour.）Merr.

形态特征：多年生攀援落叶藤本。茎、枝、叶柄均具倒钩刺；叶片纸质，肾状五角形，掌状，基部心脏形，表面粗糙，裂片卵状三角形，边缘具锯齿；雄花小，黄绿色，圆锥花序，雌花序球果状；瘦果成熟时露出苞片外。花期春夏，果期秋季。

生态习性：喜阳光、耐热，也较耐寒，不择土壤。

观赏特点：叶片翠绿，叶片形状独特。

园林应用：广植培于栅状围栏、公路边坡等处。

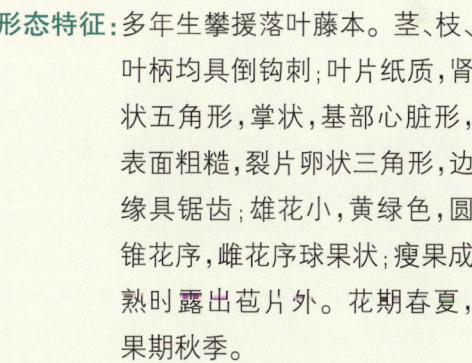

木藤蓼

科属：蓼科藤蓼属

拉丁名：*Fallopia aubertii*（L. Henry）Holub

形态特征：落叶藤本或半灌木。茎缠绕，灰褐色，叶簇生稀互生，叶片长卵形或卵形，近革质，顶端急尖；花序圆锥状，腋生或顶生，花开常呈淡绿色或白色；瘦果卵形。花期7~8月，果期8~9月。

生态习性：喜光、稍耐阴、耐寒、稍耐高温，对土壤要求不严，稍耐瘠薄、干旱；喜肥沃深厚、排水良好的砂壤土生长为好。

观赏特点：叶片翠绿，花白色优雅。

园林应用：宜种植于绿篱、花墙、围墙栅栏、遮阴凉棚、假山斜坡等处。

爬山虎

科属：葡萄科地锦属
拉丁名：*Parthenocissus tricuspidata* Siebold & Zucc.

形态特征：木质落叶藤本。小枝圆柱形卷须与叶对生，叶片为单叶，倒卵圆形，吸盘发达。花瓣长椭圆形。果实球形，成熟时蓝黑色，种子倒卵圆形。花期5~8月，果期9~10月。

生态习性：喜阴湿环境，不怕强光辐射，耐寒、耐旱、耐贫瘠，耐修剪，对土地要求不严，怕积水；在土地肥沃的土壤中生长尤其旺盛。

观赏特点：枝叶茂密，分枝多而斜展，入秋后其叶子可变成红色或橘黄色。

园林应用：宜种植于墙面、围墙、栅栏、公路边坡、立交桥桥墩等处。

葡萄

科属：葡萄科葡萄属

拉丁名：*Vitis vinifera* L.

形态特征：木质高大缠绕落叶藤本。幼茎秃净或略被绵毛；叶片为纸质，圆卵形或圆形；花序大而长；萼很小，为黄绿色的杯状；花柱很短，为圆锥形；浆果为卵圆形至卵状长圆形，成熟时为紫黑色或红而带青色。花期4~5月，果期8~10月。

生态习性：喜温暖、干燥及通风良好充足阳光的环境，具耐寒性，对土质要求不严，适生于疏松肥沃的砂质土中。

观赏特点：枝干曲折有致、枝叶繁多成簇，果粒形状大小均匀，果皮颜色多样。

园林应用：适宜植种在棚架、绿廊、绿亭、拱门等处。

五叶地锦

科属： 葡萄科地锦属

拉丁名： *Parthenocissus quinquefolia* (L.) Planch.

形态特征： 落叶木质藤本。小枝无毛；嫩芽为红或淡红色；卷须总状5~9分枝，嫩时顶端尖细而卷曲，遇附着物时扩大为吸盘；由5片叶片组成掌状复叶，叶片呈倒卵状椭圆形，外侧小有粗锯齿；花萼碟形，边缘全缘，无毛；花瓣长椭圆形；果实呈球形；种子呈倒卵形。花期6~7月，果期8~10月。

生态习性： 喜温暖气候，具有一定的耐寒能力，耐阴、耐贫瘠、耐干燥，在中性或偏碱性土壤中均可生长，有一定的抗盐碱能力。

观赏特点： 叶色优美，秋季变为红色或黄色，观赏价值高。

园林应用： 是绿化墙面、廊亭、山石或老树干的好材料，也可作地被植物。

草花

矮牵牛

科属： 茄科碧冬茄属

拉丁名： *Petunia×atkinsiana* D. Don ex Loudon

形态特征： 多年生草本。常做一二年生栽培。茎匍地生长，被有黏质柔毛；叶质柔软，卵形，全缘，互生，上部叶对生；花单生，呈漏斗状，重瓣花球形，花有白、紫色及各种红色，并镶有它色边；蒴果。花期4月至降霜。

生态习性： 喜温暖、阳光充足的环境；不耐霜冻，怕雨涝，可在疏松肥沃和排水良好的砂壤土中生长。

观赏特点： 花大而多，开花繁盛，花期长，色彩丰富。

园林应用： 是优良的花坛和种植钵花卉，也可自然式丛植；适用于花坛布置、花槽配置、景点摆设、窗台点缀、家庭装饰等景观效果的设计。

彩苞鼠尾草

科属: 唇形科鼠尾草属
拉丁名: *Salvia viridis*

形态特征: 一年生草本。叶对生长椭圆形,色灰绿,叶表有凹凸状织纹,有香味,极具观赏性与食用性;花朵有纸质苞片环绕,粉红至浅蓝花有深色条纹;花期夏季。

生态习性: 喜阳光充足的环境,较耐寒,怕热;土壤以肥沃疏松、排水良好的砂质壤土中生长为最佳。

观赏特点: 花序奇特,顶部的纸质苞片极为艳丽,小花精致,观赏性极佳。

园林应用: 适宜在公园、绿地、庭院等处植培。片植或丛植点缀,也适合作花境材料或植于花坛、花台及墙垣边欣赏。

急性子（指甲花）

科属：凤仙花科凤仙花属

拉丁名：*Impatiens balsamina* L.

形态特征：一年生草本。茎粗壮，呈肉质，直立；叶为互生，最下部叶有时对生，叶片呈披针形、狭椭圆形或倒披针形；花单生或2~3朵簇生于叶腋，有白色、粉红色或紫色，单瓣或重瓣；蒴果呈宽纺锤形。花期为7~10月。

生态习性：喜阳光，耐热、不耐寒，喜疏松肥沃的土壤，生存力强，在较贫瘠的土壤中也可生长。

观赏特点：花如鹤顶、似彩凤，姿态优美，妩媚悦人。

园林应用：广植栽于公园、居住区、游园、校园、庭院等处，是花境、花坛配景常用材料。

角堇

科属：堇菜科堇菜属
拉丁名：*Viola cornuta* Desf.

形态特征：一二年生草本。茎较短而直立，分枝能力强；叶互生，披针形或卵形，有锯齿或分裂；托叶小，呈叶状，离生；有叶柄；花两性，两侧对称；花色丰富，花瓣有红、白、黄、紫、蓝等颜色，常有花斑，有时上瓣和下瓣呈不同颜色。果实为蒴果，呈较规则的椭圆形。花期11月至翌年5月。

生态习性：喜阳光充足的环境，耐寒，在疏松肥沃、排水良好的土壤中长势更好。

观赏特点：株型较小，花朵繁密，开花早，花期长，色彩丰富。

园林应用：广种植于公园、游园、花园等处，也可用于花坛、花境、林地装饰。

金盏菊

科属：菊科金盏花属
拉丁名：*Calendula officinalis* L.

形态特征：一年生草本。基生叶长圆状倒卵形或匙形，全缘或具疏细齿，具柄，茎生叶长圆状披针形或长圆状倒卵形，无柄；头状花序单生茎枝端，小花黄或橙黄色；瘦果全部弯曲，淡黄色或淡褐色。花期4~9月，果期6~10月。

生态习性：喜阳光充足的环境，较耐寒，怕热。土壤以适宜生长肥沃疏松和排水良好的砂质壤土为优。

观赏特点：株型紧凑，花色鲜艳。

园林应用：适用于在中心广场、花坛、花带中布置，也可作为草坪的镶边花卉或盆栽观赏，还可用于窗台、阳台美化和屋旁、阶前点缀。

孔雀草（小万寿菊）

科属：菊科万寿菊属
拉丁名：*Tagetes patula* L.

形态特征：一年生草本。茎直立，近基部分枝，分枝斜开展；叶羽状分裂，裂片长椭圆形或披针形；头状花序单生；舌状花为金黄色或暗橙色，带有红色斑；瘦果线形。花期7~9月。
生态习性：喜阳光，耐半阴，对土壤要求不严，适应性十分强。
观赏特点：花色鲜艳，美丽夺目。
园林应用：常植栽于公园、居住区、花境、花坛、庭院、游园等处，也可以和四季海棠、一串红搭配种植在路边。

硫华菊

科属：菊科秋英属

拉丁名：*Cosmos sulphureus* Cav.

形态特征：一年生草本。枝叶为对生的二回羽状复叶，深裂裂片呈披针形；花为舌状花，有单瓣和重瓣两种，颜色多为黄、金黄、橙色、红色；瘦果棕褐色。春播花期6~8月，夏播花期9~10月。

生态习性：喜温暖，不耐寒，忌酷热；喜光，耐干旱瘠薄，喜在排水良好的砂质土壤中生长。

观赏特点：花大、色艳。

园林应用：适宜于在公园、居住区、校园、道路边坡等处植栽，也适宜多株丛植或片植，还可利用其能自播繁衍的特点，与其他多年生花卉一起用于在花境中栽植，或在草坪及林缘自然式配植；或用于花坛布置又是一种布景的好选择。

毛地黄

科属：车前科毛地黄属
拉丁名：*Digitalis purpurea* L.

形态特征：一年生或多年生草本。茎直立，少分枝，全株被灰白色短柔毛和腺毛叶基生，呈莲座状，卵圆形或卵状披针形。顶生总状花序，花冠钟状，紫红色、粉色、白色等，内面有浅白斑点。蒴果卵形。花期4~6月。

生态习性：喜光照、凉爽的环境，耐半阴、耐寒、耐旱，忌碱性土质；喜生长在肥沃疏松、湿润且排水良好的土壤中。

观赏特点：花色多样，颜色鲜艳，花量大。

园林应用：常植种于公园、校园、游园等处，亦可在花境、花坛、岩石园中植培，还可作自然式花卉布置。

木茼蒿

科属：菊科木茼蒿属

拉丁名：*Argyranthemum frutescens*（L.）Sch.-Bip

形态特征：多年生常绿亚灌木。枝条大部分木质化，叶宽卵形、椭圆形或长椭圆形；头状花序或伞房花序，头状花序为多数，伞房花序在枝端不规则排列，花有芬红色、白色。花果期2~10月。

生态习性：喜凉爽、湿润的环境，忌高温，耐寒力不强，在温暖地区才能露地越冬，喜生长在肥沃、富含腐殖质、疏松肥沃的土壤中。

观赏特点：枝叶繁茂，株丛整齐，花色淡雅，花期长。

园林应用：为早春缺花季节的重要切花材料或盆栽用，中国各地公园或植物园常栽培木茼蒿，用以景观观赏。在西宁则作草花配景应用。

矢车菊

科属：菊科矢车菊属

拉丁名：*Centaurea cyanus* L.

形态特征：一年或二年草本。茎直立，自中部分枝；基生叶及下部茎叶长椭圆状倒披针形或披针形；头状花序顶生，多数或少数在茎枝顶端排成伞房花序或圆锥花序，花有白、红、蓝、紫等色；瘦果椭圆形。花果期4~8月。

生态习性：喜阳光充足、不耐阴湿、凉爽的气候，较耐寒，不耐炎热。以利于生长肥沃疏松、排水良好的砂质土壤中为宜。

观赏特点：植株挺拔，花色秀丽。

园林应用：宜植培在公园、游园、道路边侧等处，也适宜成片散播形成花海。

四季秋海棠

科属：秋海棠科秋海棠属
拉丁名：*Begonia cucullata*

形态特征：多年生常绿草本。茎直立，稍肉质；叶为单叶互生，有光泽，呈卵圆和广卵圆形，呈绿色或带淡红色；花为聚伞花状，腋生，花红色、淡红色或白色；雌雄异花同株，雄花较大，雌花稍小；蒴果绿色，有带红色的翅；花期3~12月。

生态习性：喜阳光，喜温暖，稍耐阴，怕寒冷，宜生长在稍阴湿的环境和湿润的土壤，忌怕热及水涝。

观赏特点：叶色光亮，花朵四季成簇开放，叶形优美，花色丰富。

园林应用：宜植种在公园、校园、游园、道路两侧等处，也是花坛、吊盆、栽植槽等布景处的理想选材。

天竺葵

科属：牻牛儿苗科天竺葵属

拉丁名：*Pelargonium hortorum* L. H. Bailey

形态特征：多年生草本。茎直立；叶互生，分为托叶宽三角形或卵形和叶圆形或肾形，基部心形；伞形花序腋生，具多花，花瓣红、橙红、粉红或白色。蒴果。花期5~7月，果期6~9月。

生态习性：喜欢冬暖夏凉、耐潮半阴的环境，对干旱盐碱地区有轻微抗性，怕积水和霜冻。

观赏特点：花色丰富，鲜艳美丽，花期长。

园林应用：适种植于公园、校园、游园等处，可用于家庭、广场、会场、花境、花坛布置等用途。

条纹龙胆

科属：龙胆科龙胆属

拉丁名：*Gentiana striata* Maxim. Adr. Favre & X. M. Yuan

形态特征：一年生草本。茎淡紫色，直立或斜升；茎生叶无柄，长三角状披针形或卵状披针形，先端渐尖，基部圆形或平截，抱茎呈短鞘。花单生茎顶，花萼钟形，花冠淡黄色具黑色纵纹。花果期8~10月。

生态习性：喜冷凉的气候，耐寒、耐旱，对土壤要求不严。

观赏特点：花色艳丽，色彩丰富，有紫、白、蓝、黄白等多种颜色。

园林应用：适制作为花坛、花镜或盆花。

向日葵

科属：菊科向日葵属

拉丁名：*Helianthus annuus* L.

形态特征：一年生高大草本。茎粗壮，不分枝或有时上部分枝，被白色粗硬毛；叶互生，心状卵圆形或卵圆形；头状花序极大，它生于茎或枝端，常倾斜。舌状花多数，黄色。瘦果倒卵形、长倒卵形或倒卵状长圆形，花期7~9月，果期8~9月。

生态习性：喜温暖、耐寒、耐旱，对土壤要求较低，可在各类土壤种植。

观赏特点：盘形似太阳，花色亮丽，纯朴自然，充满生机。

园林应用：适种植于公园、校园等处。成片种植，形成花海，开花时金黄耀眼；还可用于盆栽，布置花坛及与园林小品等景点。